教你成为开店达人、装修总监、省钱高手，轻松听懂专业术语，与设计师及施工队顺利沟通。
沟通变 **easy** ＋ 装修 **economy** ＋ 赚钱 **quickly**。

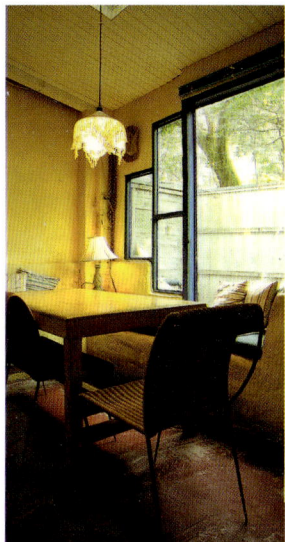

■唐芩 著

开店装修
省钱&赚钱 **123** 招
~成功打造金店面

辽宁科学技术出版社

·沈阳·

序

学做装修总监！
精打细算开店铺，天天开心数钞票

　　台湾是个梦想家云集的地方，也是个支持独立事业的好地方。想开店创业的人、勇于追求理想的人，似乎比市场调查的数字更多，为了帮助每一位想开店创业的人获得更多资讯，成为市场上的赢家，本书企划了装修上最重要的"专业术语沟通破解"、"最省钱的开店原则"、"招财风水开运"等丰富实用的内容，更汲取18家开店达人的创业实战经验，举凡经营理念、创业门槛、商圈评估、装修采购上的各种注意事项和省钱诀窍等重要技巧，一并倾囊相授。希望这些宝贵的商场实战经验，能让想开店创业的你轻松理解、快速吸收，继而具有专家功力，缩短创业的摸索时间并降低风险。

　　在走访数十家创业成功的店家过程中，我的内心经常充满感动、惊叹，有人认为当前社会正处于微利时代，许多想创业的人以为开店一定要投资很大，因此望而却步。不过到那些生意兴隆的街道走走，你会发现，仍有那么多店经营成功、钱包赚得满满，有许多店规模不大，装修花费也不多，如此小本经营，风险和压力都降低不少，一旦成功运营效益倍增。可见创业要讲求方法，最重要的两大法则：一个是"品质吸金法"，另一个是"省钱装修术"，前者开源，后者节流，两法相辅相成，必能赢得你的"黄金屋"。

　　在此谨以本书献给所有心中有梦，想自己开店的准老板们，希望这些用心收编推荐的实战经验，能帮助你省省地开一家店，天天开心数钞票。

作者　唐蓉

目　录

PART 2 开店达人"炼金术"

18案例实战传授，好用经验全收录

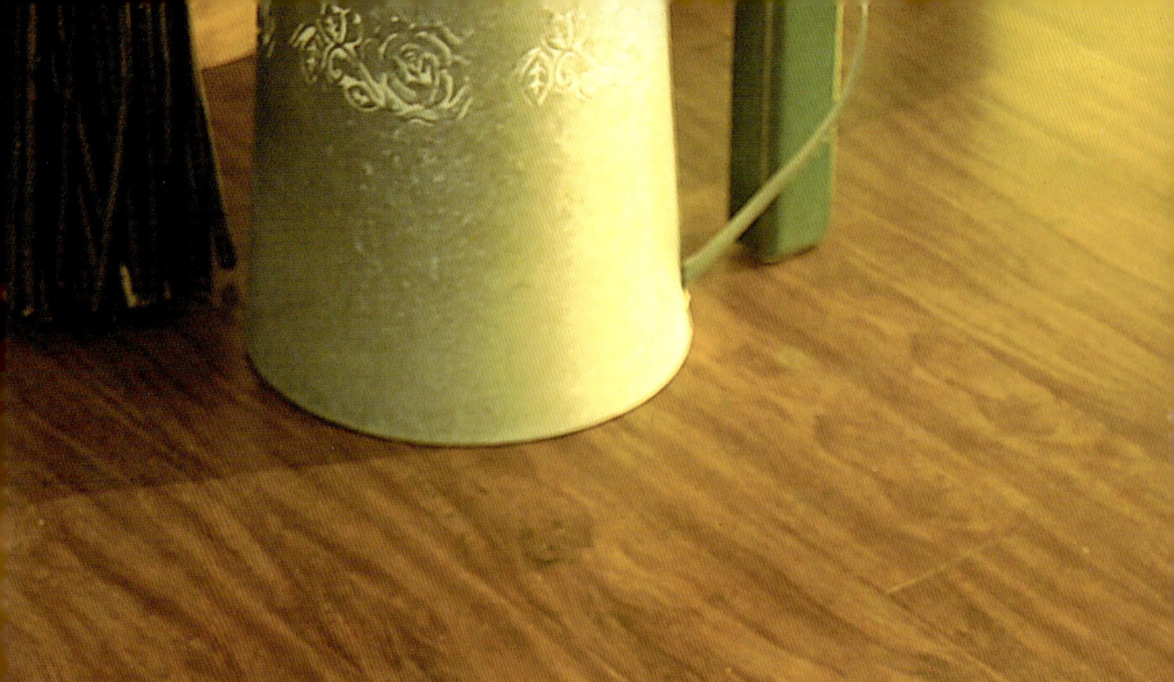

PART 3

内行人开店必学

装修行话、风水特搜，捡便宜有方法

contents

开店老板的
省钱秘诀

掌握装修窍门，看紧钱包不上当

开店创业从梦想到实践，装修计划从无到有，看似繁多的环节其实都有重点可以把握，这里旨在帮你找出关键点，教你快速拥有专家功力。

Chapter 1

精挑细选，
聪明监督设计师&施工队

若想细致了解室内装修，需要具有丰富的知识底蕴，

同时也要具备多层次思考的能力，

这样才能促进设计师完整地传达给你期望的店铺形象，

并且成为可以领导设计师和施工队的超级业主。

纸面上谈论的空间是二维平面的，

丈量出长、宽、高的空间是三维立体的，

唯有加入时间变化、服务品质、音乐和香味等丰富内涵，

一起作整体的考量和设计，

才是所谓有"氛围感觉"的四维空间。

以下精简列出开店前必须具备的装修知识，

以及该把握的操作原则，

帮助你清楚掌握装修重点与省钱关键，

掌控"领导权"，展现"监督魄力"，

充分挖掘设计师和施工队的专业技能和设计潜力。

一、店铺空间三层次：
迎宾门面、内场布局、工作后台

1.迎宾门面

门面指从街道上看见店铺的第一印象，主要建构的元素包括招牌、门扇样式、橱窗、户外庭院等，设计重点在于营造欢迎光临的氛围，并且突显经营者的自我品位。

2.内场布局

玄关、柜台、吧台、座位区、走廊、卫生间等室内主要活动范围，只要是客人视线能及、步行可至的区域，都应该细心处理。

3.工作后台

员工的主要工作区域，出入口设计应与顾客区分离，主要侧重实用方便，无须在美观上花费太多。

二、装修设计"＋""－"法

在有限的空间中，如何决定去除不必要的部分，增加需要的新设备，关乎"设计"和"经费预算"的相互平衡。

1.全盘"＋"法装修

如果店铺原来是空屋一间，或者原有的设施都不符合需求，需将整间店铺全面翻新，这样的话不但施工单纯，效果也最能符合期望，但花费较高。

2."＋""－"参半装修法

有增有减，可看做是"折中的装修方式"。拆除时要小心避免破坏欲保留的东西；进行变更部分的设计时，也要配合现场既有的风格，功能与造型要和谐搭配，此时要求设计师的技巧非常高明。

3."－"多于"＋"装修法

若店铺既有的设施均不符合需求，就得做好预算进行拆除，如果后续要增加设计的部分不多，则设计师要把握准确，避免拆的多做的少，造成资金浪费的同时效果不佳。若是拆的多也做的多，要注意预算时应考虑双向开销，避免浪费。

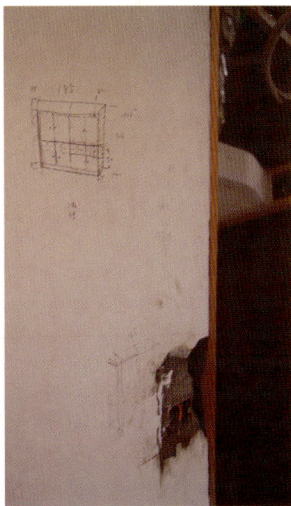

三、室内设计师大不同

室内设计师由于背景多元化，在聘请时需多加留意，充分了解他的服务范围及专业水平。

1.室内设计师可大致分为三大类

专业背景 / 强项分析	以木工起家的设计师（工程师傅底子）	建筑室内背景的设计师（空间设计背景）	美工商业设计师（平面设计背景）
强项	木料建材认识多，对施工方式和细节很了解	功能、美感会兼顾，风格表现、整体细节考虑能力较强	对于局部设计、平面上的美感表现较强
弱点	对时尚风格缺乏了解，习惯以"施工法"思考设计，缺乏创意灵活度，难有设计上的变化	对施工细节和建材处理、加工等细部不一定非常了解	对空间立体感、建材与施工法可能较弱
整体规划能力	★	★★★	★★
空间美学风格	★	★★★	★★★
设计细腻度	★	★★	★★★
沟通灵活度	★★	★★★	★★
工程施工了解度	★★★	★★	★★
你的对策	创业者本身需做店铺设计的主导者，对使用规划、美感风格等自己最好都有具体想法	搭配专业施工队即可弥补	对自己的店铺需有整体上的构想，再交付此类室内设计师作更细致的设计，并搭配专业的工程团队来施工

注：以上分析仅为概略参考，需视设计师个人能力与设计经验而定

2.设计师的合理服务范围

（1）提供自己的资历和作品供业主参考。

（2）到店铺现场勘察环境、丈量尺寸、绘制现况平面图。

（3）与业主沟通设计方向和预算，过程会经过几次讨论和修正：提出初步设计草图→和业主沟通→修正→确认修正后的设计图→微幅调整修改→最后图面定案（沟通过程多使用平面图，也可绘制必要的立面图或透视图，修正次数依双方讨论情况而定，通常3次以内是合理的）。

（4）制作估价单，和业主讨论所有建材种类、单价、预估耗材、工资、计价方式及总价等，视情况作1~3次修正调整。

（5）主动准备签约资料，通常图面和预算都定案之前就会签约，保障设计师不会白做工。签约内容包括该阶段的设计图面、估价单、施工图纸等，注意合约里要有保固条款以保障业主权益。

（6）协调评估工班工期，拟订开工日、完工日。

（7）至工地现场监工，并担任业主与施工人员间的沟通桥梁。

（8）完工后陪同业主现场验收，对整个工程设计施工进行查缺补漏。

（9）依照合约约定履行保固维修的义务，有任何保固范围内的需要，设计师协调施工人员前往处理（通常质保期为一年，视项目而有不同，宜事先协定；保固范围外或人为损

坏业主必须自行负担费用）。

除了以上所列的内容，若有额外的要求，应具备"额外给付费用"的观念，这是对专业的尊重。其实设计师对一些额外服务

并不会太计较（例如陪同业主挑选灯具、窗帘等），如果业主想表示感谢，补贴些许车马费也是不错的做法。

3.设计师的专业素养&诚意指标大评估

□指标a：初次见面是否准时，是否携带作品供参考。

□指标b：对于店铺测量的尺寸是否准确，业主可自行用5m长度的铁卷尺，选择几处与设计师进行对比，通常1/100的误差是可以接受的。

□指标c：设计图是否标示清楚、绘制详细。

□指标d：是否依照期望设计规划，做到风格和谐，设计符合功能性、人体工程学及美观要素。

□指标e：在解说沟通过程中用词是否准确，是否解释清楚有耐心。

□指标f：联系是否方便，电话是否可随时接听。

□指标g：估价单是否清楚列明各项建材的名称、尺寸、单价、总价，对建材样式和效果是否能提供具体样品或图片供参考。

□指标h：对施工人员要求是否严格，建材和废料放置是否井然有序，是否能够每天都到现场监工（停留时间长短视工程需要斟酌）。

□指标i：工程进度掌握是否准确，开工日与完工日是否可以如期达成。

□指标j：设计师是否会任意改变工程内容、建材用料，或是要求追加预算。

在聘请设计师之前以及合作的过程中，都可以通过这十大指标了解设计师的专业素养与责任感，考虑清楚再聘请，并作为下次有机会合作的依据。

四、跟设计师一起去监工

有效的监工时数会对装修品质和正确性产生极大影响，细心、频繁会使监工效果更好。

1.最佳监工频率

（1）每天去最好： 通常100m²以下的店面约1个月内可完工，这种情况下最好每天都去，确认建材是否为指定品、施工是否扎实等，每天可以选1个小时停留在现场。

（2）两天一次尚可： 如果对设计师很放心，也可以每两天一次去监工（有时每天监工看不出明确的进度，自己也累）。

（3）重点日必到： 每项工程（如砸墙、水电、木工等）的第一天，一定要到现场，当天都会进行重点工作，如砸墙、砌隔间、放样、做结构等，若是这些关键处出错，后续中产生的连锁失误就严重了。

万万不可每周只去一次或将近完工时才开始监工，这样会错过许多重要环节的沟通，若来不及挽救，往往会一错再错，或是返工，浪费人力、财力，得不偿失。

2.监工时该注意的五大重点

（1）要求施工队按照设计图施工： 隔间、工法、建材、设备都要符合定案合约条件的要求。

（2）施工管理需完善： 工地现场保持整齐，内外都不可有垃圾和废弃建材散乱堆放的情形，禁止抽烟喝酒。

（3）各项工程进行分批验收： 工程逐项进行期间，需注意欲保留物的维护，以及个别施工工艺的正确性和工种间的衔接。

（4）效果不佳需改善： 若是发生未按照设计图和合约施工，或建材数量不足、型式不符、品质瑕疵、造成损坏等问题，都应要求施工单位无条件改善。

（5）严重失误要求赔偿： 在合约中应写明若因施工不当、工期延误造成损失，或对附近环境、邻居造成经济方面的影响，都需用扣款方式作为补偿，例如扣除10%~20%不等的总工程费，其比例视严重程度和合约条文决定。

Chapter 2

省钱装修36计，
能省则省不吃亏

装修设计费和施工费用
占初期开销的比例很大，
仔细把关账单开销，
绝对可以省下一笔钱，
又能做出好效果。

一、设计规划大原则控管

1.寻找格局符合需要的店铺

店铺原本空间形式与格局样式符合度越高，就越能省钱。如果隔间墙位都符合需要，可省下砸墙打壁、清运、重做隔间的三重费用，同时也能缩短工期，可以说是好处多多。

2.天然通风采光好，电费省一半

店铺空间本身如果通风良好，夏季空调温度不用太低，其他季节几乎不用空调；采光好则在早上到下午3点几乎都不用开灯，为了营造气氛也只需开几盏，所以在每个月的电费上会大大节省。

3.寸土寸金，精细丈量很重要

建材量、设计费多少主要根据店铺的面积，所以初步丈量时务必精确详实。如果担心尺寸虚假，可以向设计单位要一张尺寸图，自己到现场丈量几处作抽样对比，发现误差太大及早告知对方修正。千万不要使用建材商提供的图纸（通常业主都只有这类图），当初建材商为了销售有可能在图面上"做些效果"，加上施工时的误差，不一定精确，所以装修前还是重新丈量才可靠。

4.接手转让的同质性店铺

有些将结束营业的店会有出租、转让等活动，有些是桌椅家具出租，有些是连店铺空间和装修都一起出租，这时候评估条件是否符合需要、设备品质是否良好，趁机捡个便宜。有时二手八成新的商品可以比原定价便宜一半以上。

5.找2～3家设计公司多比价

无论你想要找设计师还是找工头承包，最好都多找几家来比较，特别要注意以下三点：

（1）确认各家采用的建材品牌型号等级、施工做法扎实度、工程天数、施工人数等，然后比"总价"。

（2）除了建材费、工资费，还要包含损料、清洁费、设计费等，要事前完备预估，避免事后追加。

（3）比价的结果，不一定是选总价最便宜的，要选服务态度好且价格合理的。

6.只要设计图，不请设计师

聘请室内设计师可以轻松省事，规划设计、找工班、监工等问题都有人负责。不过也因为设计师身负重任，会收取装修工程总价10%~20%的费用。如果店主本身具有设计绘图能力的话，这笔钱就能省下来；但如果不具备这项能力，装修预算也不多，可以找只做设计、画图的设计师，比全包的室内设计师来得花费低，但是得自己找寻包工头和自己监工。

7.看清楚报价单的计价单位

因设计师的个人习惯或地域特性不同，建材的数量可能用"平方米"、"米"、"樘"等不同单位来计算，若看错单位，总数量和价钱上会产生严重的误差。还有，如果同时找几家承包商作比价，就要把不同的计价单位换算成同样单位，比价起来才客观准确。

8.定案前严守总预算上限

在装修风格和设计图讨论阶段，就应该确定初步的总价，大体上不能有变更，如果等签约后或是开始监工才发现总价花费太高，要作变更通常太迟了，也会影响施工人员的情绪和工艺品质。

9.不动土木的布置法

如果店铺空间本身格局已经符合你的理想，既有的大架构装修风格、墙壁油漆的颜色等也都是你可以接受的，那么也许可以完全不用动工程，只需添购一些家具、装饰品，或换个灯具、新窗帘、桌巾椅垫等，不动用木工、泥作等工程，装修费用会大大降低。

10.要求施工人员素质，减少施工意外

施工现场需要作妥善的环境管理，现场若太凌乱，很容易发生意外伤害。装修现场经常同时会有家具、废弃的建材，有可能还有搬运来的新建材，所以店主一定要以非常明确的态度，要求设计师或工头把现场整理得有条理，而且严禁抽烟、喝酒及烹煮，这样可以大大避免意外灾害的发生。

挑选素质高、工作专注力佳的施工人员，他们通常自我管理良好，也不容易发生不慎挖断水管、剪错电线、敲坏既有装修，甚至波及附近邻居的乌龙事件。这方面可以事先和设计师或工头以合约约定好，如果发生这类的事故，费用不能加在装修费里，应由工班自行负担。

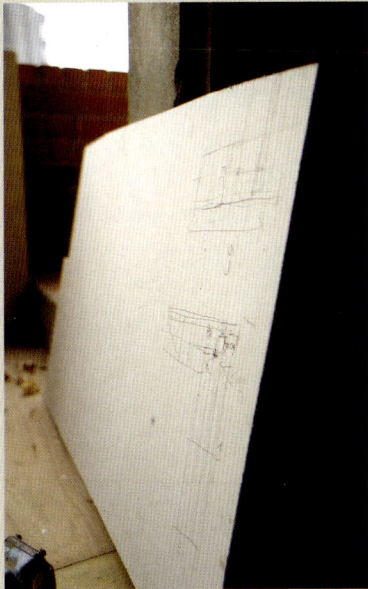

11.选用业界常用的施工工艺

常见的施工工艺在操作上因为技术熟练，施作效率高，除了有人工费用较便宜的优点外，同时也能减低失败率，缩短工期。如果店铺设计有一些造型较为复杂，或是不同材料接合困难的地方，都会大大提高施工的费用和失败的风险；如果真的不愿舍弃某些特殊设计，就要找设计师和工班研究出方便可行、失误率低的施工方法来实现。

12.慎选施工期，减少时间金钱浪费

一般店面光是施工时间就需要一个月左右，开工的时间点对品质和费用都有影响。不建议的装修时间如下：

（1）春节前后：这段时期的建材、运费、人工费用都可能会增加。

（2）设计师忙碌时：如果设计师同时有几个工地需照顾，为你监工的时间自然会变少，服务也会比较草率。事前问清楚，排出彼此都有空的时间较好。

（3）气候状态不稳的季节：如雨季、台风期间最好不要开工，中途若因气候影响效率，或导致施工品质不良，事后补救或加班赶工，都会造成额外负担。

13.装修费用分次付款，不用一次给全

装修费用动辄数万，建议采用"分次付款"的方式，可以减轻初期经费的负担，而分次付款的方式，对于装修单位也有制约作用，对自己的经济运营更有益无害。以下有三种是比较合理的分次给付方式：

（1）实报实销点工点料：装修材料费随时凭订货收据支付给设计师或工班，工人工资每周结算一次，此法可和设计师或工班协议。

（2）按照施工时间分三段式付款：开工时付1/3，工程过半再付1/3，完工验收后付1/3。

（3）依照工程项目支付：泥作完工时支付泥作部分，木工完成后支付木工部分，以此类推。

14.沿用旧有资源搭配新装修

尽量发现原有装修和设备的利用价值，不要急着全盘重做。花点时间评估现有的地面材质、油漆、天花板、家具、设备是否还可用，如果能与预期的风格搭配，沿用这些既有资源，不但能节省许多经费，而且可以缩短工期。

15.污染性、基础性工程先施工

能一次施工完成是最理想的方式，谈折扣也方便。但施工顺序上，要从污染性、基础性、结构性的部分先进行，以避免对其他工程和家具的污损，造成额外的补救修缮费用。如空间架构、管线配置、营业设备等都是要先处理的部分，另外，木工、水电、油漆等会造成空间污染，也应先做好再进行细节装饰和布置。

16.验收完成再付尾款

装修费用的付款，通常会在工程完成一半时，陆续给付总费用的50%~70%，等使用了10~15天，发现有任何问题缺失，都应该要求立即修补改善，等一切都运行正常，才算验收通过，那时再付清尾款。

17.避免掉入"追加"的陷阱

最后的定案要非常慎重，要求设计师或工班给你一份详细设计施工图、建材估算和人工费用报价单等资料作为依据。切记不要三心二意，以免做了又改，追加的费用很可能超过你当初准备的经费。密切注意所有未经同意的任何追加工程，都可以不付款，设计施工单位无权决定要增加或减少任何未约定的项目。

18.全程积极参与监工，及时改正错误

在装修期间店主应该积极到现场监督视察，因为只有你最清楚自己要的空间品质是什么。每天都找个时间到现场看看，发现施工有偏差时，可及时纠正，现场也方便沟通，减少错误率，就不会多花冤枉钱。

二、施工与建材小细节精打细算

1.精密计算建材量，减少垃圾清运费

事先尽量找格局接近理想的店铺，简化各种平面和立体的造型变化，并要求设计师或工头对建材使用量准确计算，就可以减少很多切割耗损的废弃材料，既可避免建材费的浪费，同时也可减少货车清运趟数和费用（依大小车不同每一趟清运费80~300元/车，尽量满一车再运最划算）。

2.采用单价低的装修建材

建材货样很多，无论国产货或是进口货，在品相、价格上部分等级，"便宜"不等于"品质不良"，客观地挑选建材，取品质好且价格较低廉的，总经费上会节省很多。

3.选择尺寸大众化的建材

建材会因为尺寸的不同而在价格上有差异，选择较普遍的尺寸，价格会便宜很多。例如希望有大面积无缝的效果，仍可以用一般尺寸的建材来拼接，只需在接缝处、填缝材料的颜色上要求师傅作调整。

4.国产制品省关税

国产制品可以减少高额的国际运费，尤其使用量多的时候，总价上就有明显的差距。尽量挑选品质好的国产建材和设备来使用，或是外国设计本地生产的建材，这是最经济实惠的做法。昂贵的特殊进口地砖、壁纸、家具等，可以少量运用在店铺显眼位置，作为画龙点睛之用。

5.制式规格最实惠

建材如地砖、木材、实木地板、钢管、布料等，都会配合工厂生产而定出所谓的"单元尺寸"，例如一片地砖款式有60cm×60cm或是60cm×90cm，特殊尺寸就得另外开模烧制，费用会贵上好几倍；铺木地板则以"平方米"来计算，尽量以完整平方米数来规划铺设。

6.挑零码或库存货捡便宜

每一批建材里头难免会有一些颜色较不匀，或是纹路无法相互对合的瑕疵品，事先委托你的设计师或包工头去找寻，这些建材可以以较便宜的价钱购得，把这些不够完美的次等建材运用在店铺较不显眼的区位，如工作吧台内部、厨房、厕所等空间，很经济实惠。

7.造型简化，减少切工与损料

造型变化越多，所需要的人工越高，工资就会增加。而建材因为配合造型弯曲作切割，无法整片利用，也会耗损掉不少材料，所以设计谨守造型简洁利落，可以省下不少耗材和工资。

8.以整体橱柜取代现场木工制作

店铺里多需要一些展示商品的层板，以及收纳杂务的橱柜，牵涉这些层架、高柜、矮柜、斗柜都可以用整体橱柜施工法来替代木工现场制作，整体橱柜的优势如下。

（1）便宜：工厂生产制作出单元层板，为密度板非实木材料，价钱较便宜。

（2）干净：运送到店铺工地只需进行组合工作，可以保持现场的整洁。

（3）省时：店铺组装通常只需花1~2天，快速省时，有助于其他工程尽早施作，缩短工期。

9.多用工厂批量生产制品，少用手工打造

工厂生产的规格制品，因为制作量大、规格统一，成本可以降低，单价上都比较便宜，如果你要求手工材料，虽然有别于市面上的样式，但是费用会相对高出很多，必须审慎评估。

10.特殊五金零件费用高

装修上所说的五金零件，多为铁、铜、铬、不锈钢等材料制成，如门窗和橱柜各式各样的把手、门铰链、抽屉轨道、推拉门滑轨、活页铁件、水龙头及开关等，这些看起来是"小东西"的玩意，其实价差很大，绝对不能忽视小物件累积起来的价钱。

11.减少较贵工种的施工量

在装修工程中，木工的工资单价较高，每日80~120元，比其他工种工资高出20~40元，施工时间也往往较长。如果在装修上可以减少木工的需求量，则经费上会有很大的节省。

12.追求速度减少工时

每一天若有木工、水电工、泥水工等数位工程师傅一起施工，工资加起来就要上万元。如果能设计出一套省工快速的装修设计方案，则可以减少工资开销，大幅降低花费。遵循省工快速的设计原则，像整体橱柜比传统木工来得快速，一般油漆法比艺术漆和彩绘来得快速，喷漆法比贴皮来得省工。

13.施工期间适时关闭水源、电源开关

为了安全与省电，老旧店铺空间要重新配电路管线时，务必先把电源开关关掉，以免工人触电；更换水龙头或是重接水管、水管更新时，也要先把水源总开关关闭，除了避免造成施工不便，也不会浪费水费。店主可以自行斟酌情况，控管工班在施工期间对水电方面的使用和限制。

14.聚少成多，小附件会吃钱

例如插座、开关的盖板，看起来很便宜的小东西，其实仔细算来，一个中大型的店铺通常会需要用到数十个之多。市面上插座盖样式很多，国产进口皆有，价钱从几元到几百元不等，如果讲求细节设计的店主，挑选的样式单价较高，整笔费用计算下来就会变得很高。其实店铺设计插座的位置都较隐秘，可以不用太花经费在这部分。厕所的开关盖板几乎可说是顾客唯一会接触到的开关部分，单一个漂亮盖板的费用高些倒是无妨，而且可以增加店铺品质感。

15.踢脚线可省略不做

踢脚线的作用是用来保护墙面和地面交接之处，以避免日常打扫维护时洗地拖地的水把墙脚污损，多用8~12cm经过防水处理的塑胶、夹瓷、实木、瓷砖等材料板钉制成。如果店铺营业性质不容易脏污到需要经常水洗，可以多以干拭、低湿度擦抹来维护，或是在选择壁面材质时考虑防水性，这样就不用花费踢脚线这项费用了。

16.造型天花板的形式

天花板对于空间视觉效果具有影响性，如果做立体凹凸变化或开天窗，都能够有拉高空间、制造惊奇等效果，但是这都是昂贵花费的做法。如果店铺室内高度超过300cm以上，而且装修预算并不多，其实不一定要在此部分花费太多，多运用钉线板来作装饰，或做好天花板色彩计划、彩绘、打灯光，都可以增添美感，节省费用。

17.间接VS直接照明费用比高下

人工照明分为"直接照明"和"间接照明"两大类，直接照明的灯具显露在外，间接照明则是运用天花板或饰板隐藏灯泡灯管，感光但不见灯具。

没有绝对哪一种照明方式比较省钱。灯具有一盏上万或是数十万的高价品，要省钱则要挑选中低价位的灯具才行；间接照明虽然省了灯罩的费用，但是要隐藏这些灯泡，得多花天花板造型、墙面或是柜体木作的饰板搭配费用。不过灯具或隐藏式照明二者都可选用省电型的灯管灯泡，来减轻后续的电费负担。

要注意的是：直接照明的效果较亮，间接照明的效果会比较暗（亮度约为直接照明的70%左右），同样的亮度，间接照明需要更多灯泡数。

18.财路大门省钱改装法

入口是给顾客的第一门面印象，扮演重要的角色，开放式的早餐店或饮料店因为门面敞开通常无此问题，咖啡馆、精品店、书店、饰品店等，讲究隔音、挡灰尘、私密的店铺，都要预算设计制作大门的费用。

门扇并不便宜，动辄上千元，订制品甚至要价数万，门框则更贵，如果能使用既有门框，只将门板改成符合自己店铺风格的样式，可以省下几乎一半的费用。

开店达人"炼金术"

18案例实战传授，好用经验全收录

有一身好手艺，存了一些准备金，很想独当一面吗？
开间店铺需要人才和资金，也要有决心和高明的技巧。
本单元走访当前热门开店行业中的佼佼者，
汲取创业达人的宝贵经验与你分享，
无论是开店装修的独到见解和省钱诀窍，
还是经营店铺的十八般武艺，
希望能让你了解得更充实、准备得更充分，
从一间小店开始构筑梦想。

Chapter 3

聪明构筑咖啡梦

秘密花园影像咖啡馆

拜访自然、拥抱浪漫，尽享休闲美学

　　秘密花园，一个浪漫又美丽的名字，像是山林里精灵们的聚会基地，当你实际经过那一条通往秘密花园的路，彷佛已成为一位脱俗的访客，进入了这片充满理想的乐土。

　　秘密花园十多年前为老板的实景摄影棚，提供各种商业摄影、婚纱摄影等功能的拍摄场地，由于名声逐渐远播，连许多非摄影界的人也因好奇来参观，老板才决定开辟成咖啡馆来营业，成为一处拥有多变场景的影像主题咖啡馆。

咖啡很香，但是这里的空间演出是另一种精彩，摄影棚的场景千秋，对于一般消费者来说像是进入电影之中，新奇又迷人。

　　秘密花园的入口并不特别夸张，在大自然中显得低调有礼。沿着山路寻访这家店时，可以特别留意一座石砌的拱门，上头有一个小巧的招牌，手工制作感很特别。穿过年久高大的林木拾级而上，即可看到外观像欧洲木造屋的秘密花园建筑，周围户外野趣横生，走进室内却像是走入电影场景中，建筑物由户外到室内层叠变化，隔间穿透性强、虚实掩映、步移景异。户外景致透过窗户与玻璃屋顶，形成变化多端的赏景乐趣，自然光影与人工灯光相互交织，植物的绿意与缤纷的油漆色彩相互衬托。沙发抱枕区、玻璃屋顶下的木椅、藤椅座位，无论是在室内找一处晕黄的栖息角落，或是到户外平台亲近大自然，秘密花园都拥有丰富的空间表情与格局，提供给顾客多元化的选择性与享受。

　　老板希望店铺的风格能呼应坐落的环境，呈现出大自然的美好、清新、轻松、休闲的感觉，品尝咖啡的时候，窗外的阳光、雨露、微风或是星空，都是装修之外更添风韵的神来之笔。

小巧的招牌，手工制作感很特别

植物的绿意与缤纷的油漆色彩相互衬托，秘密花园拥有丰富的空间表情与格局

老板精心调出的油漆颜色，一抹一撇刷涂出彩色空间，在欧洲乡村风情与地中海休闲感的共同风格里，又细分出了几个风格各具的小区间。许多桌面和座椅也是店内老板和员工自己用木头钉制的DIY作品，朴拙不造作，具有舒服的自然美感和艺术性，留连徘徊、四处浏览，余味十足。

秘密花园的特殊风格，受到许多消费大众的喜爱，咖啡餐饮业界争相仿效，使台湾各地陆续出现了"复制品"。

这可说是一种成为典范的骄傲，但也夹杂了受到盛名所累不得不再创高峰的压力。秘密花园再度装修，改变了部分风貌，也添购了新家具，为的就是要维持着永远独特的姿态，不受时下"复制"风潮的影响。

想当初这里是赖老板的艺术摄影棚，许多用心创造的场景，至今仍是持续开放给摄影界人士租借场地的好处所，台北许多婚纱照、商业摄影、产品目录都常来这里租场取景，台湾知名的生活用品连锁事业也是这里的客户。能把摄影、大自然和咖啡馆做这般艺术化的连结，又能成功转化为营业所得，秘密花园里，充满着令人探寻和学习的经营之道，无论你想开店或是喜欢大自然，来这里坐坐吧，必然有所收获。

居家般的装修风格，使客人有宾至如归的轻松感

老板精心调出的油漆颜色，一抹一撇刷涂出彩色空间

秘密花园影像咖啡馆

老板的省钱秘诀大公开

1. 老板带员工，一起学做工

老板和员工，就是最现成的人力资源，不仅工作时间自己可以安排，利用客人较少的时段来做小工程，员工的薪水及加班费，比起请专业工程师傅的工资，真是节省了许多。秘密花园的油漆，就是老板带着员工一起粉刷成的，连油漆的特殊颜色，也是经过多次尝试调制出来的，早期店里多数的桌椅，也是员工们一起钉制出来的，这样凝聚大家的热情和心力完成的店铺，充满了共同奋斗的感情，员工对店铺也会更有认同感和爱惜的心。

2. 增加业外收入，发挥最经济的利用

秘密花园影像咖啡馆，以咖啡餐点为主营业项目，并保留"局部空间"出租给摄影工作者使用，这样不仅维持着店铺特殊的主题感，带给来店消费餐饮的客人额外的乐趣，另一个直接的好处是可以增加店铺的收入来源，可说一举两得。

秘密花园在欧洲乡村风情与地中海休闲感的共同风格里，又细分出了几个风格各具的小空间

延伸话题 1

当店铺风格被他店仿效复制

　　创造新空间设计风潮的店家，虽然得到喝彩与追捧，但同时也会遇到同行们"模仿复制"的问题，而逐渐失去了独特鲜明的风格。这种仿效的风气只能靠同业间自我约束，除了店铺商标可注册求保障外，室内装修的仿效几乎无法防范。所以，当店铺风格越来越雷同时，你就要有"改头换面"的准备了，在预算考量下，你可以先从效果明显之处作"局部"的改装，像门面样式、店铺色系、桌巾椅垫的更换，都是效果明显且花费不高的装修项目。店铺的局部改装，一来能维持老顾客喜欢的既有风情，又增添几分新鲜感受，二来不至于再花费装修费用，较为经济实惠。

延伸话题 2

如果你也想在山里开咖啡馆

　　如果你也有一个山林咖啡梦，可以到喜欢的山区走走，寻找看得顺眼、空间大小和格局适合的闲置村舍建筑（如农家合院、不用的谷仓、家禽家畜的圈舍等），看看屋主是否愿意出租或出售。在下决定之前，有几项重要事项一定要先查清楚：

（1）要查清楚这屋子是否可以作营业使用，查出地段地号等资料（屋主的房屋所有权证），再向当地相关的政府机关确认求证。

（2）确认建筑物的结构是否仍安全，水、电、天然气、电话线路是否都接通可用。

（3）评估租金或售价是否合理，自己是否能负担得起。

（4）估算一下这间屋子内部样式和管线是不是太老旧，如果要装修是否会花费太多经费（可找专业设计师同行先作概估）。

　　除了租赁"现成的村屋"，另一种方法是"租空地"来自己兴建房舍做店铺。要先确认的事项，包括该土地究竟为住宅用地、工业用地还是农地，是否能做你所希望的营业用途，附近环境是否有吸引人潮顾客的潜力，告地价、市值和租金售价比照起来是否合理，各种合法性的问题可以向当地政府建筑管理机关查询确认。

"局部"的改装，像门面样式、店铺色系、桌巾椅垫的更换，都是效果明显且花费不高的装修项目，经济实惠

营业时间 ■ 10：00－23：00，只有春节休假
地址 ■ 台北市士林区菁山路136号

秘密花园
影像咖啡馆
DATA

区域评估
阳明山区符合赖老板热爱大自然的氛围条件，而且这块地据说是自家用地，
现成土地和满意的环境条件，促成了这座精彩的摄影棚咖啡馆的诞生。
商店定位
以打造休闲感的咖啡馆为经营主题，并出租局部空间作为摄影场地，
作为附加的营业项目。
营业模式
早茶、午餐、下午茶、晚餐皆供应，以贩售咖啡、饮料、点心、意大利面、排餐为主。
店铺面积
室内外场地超过300m²。
装修花费
装修费20万元以上。

蒙马特影像咖啡馆

法国南欧的邂逅、台北蒙马特的诞生，颠覆制式商业空间的艺术力作

蒙马特影像咖啡馆和秘密花园是姊妹店，为同是爱好艺术摄影的赖氏兄弟分别经营，空间装修的理念相似，但是呈现出来的手法却不大相同。

年轻时就曾办过摄影展的老板赖岳忠，在业界表现杰出，和老板娘认识之后，两人曾到法国旅行，对于当地艺术家荟萃的蒙马特地区所具有的鲜明的个人色彩和商店的风格感到惊艳和喜欢，加上对南欧居家风味的偏好，他俩决定把阳明山上荒废多年的自有土地和房舍好好整顿，修建出属于自己的蒙马特。

在蒙马特店内，有床，有踏垫，有睡帘般的布幔，或坐，或躺，或卧，随处都让人很放松、很舒适。

蒙马特先天条件绿意充足，花木繁盛，附近还有溪水潺潺相伴；这样的既有条件，很符合夫妇俩希望创造出家庭别墅招待所的需求，而非制式化的商业空间。坐在由浴缸打造成的沙发区喝咖啡，这种创意更让顾客惊喜，也算是业界中的独创吧。

空间的场景设计都出自赖先生夫妇俩的巧思，虽然有装修工协助施工，但觉得制作出来的样式太制式，于是两人亲自参与装修施工，不仅和施工人员沟通感觉，也自己动手拌水泥、上油漆，把施工人员抹得平整的墙面改成有些起伏、手做质感浓厚的味道；油漆颜色和浓度也经过多次的调色，一面墙壁都刷过三四回，直到对于漆色干透、光影投射后的效果都满意了才停手。这种艺术家的执著与热情，奠定了蒙马特在业界的艺术地位。

老板和老板娘很喜欢巴厘岛villa风情，蒙马特又新设立了几座具有巴厘岛风味的凉亭，让顾客有新鲜的空间感可以体验。

还记得当初在整理这片荒废的土地时，竟然有蛇从树权上掉下来的惊险场面。现在的蒙马特装修完成后，点亮了灯火，聚集了旺盛的人气，大自然的苍翠和清新空气依旧，唯有那些不受欢迎的爬虫蛇类都自动远离了。

这两年新修建了巴厘岛风味凉亭，让客人彷佛沉浸于东南亚舒适缓慢中。进入蒙马特，就像是进入了一个不定时就会成

老板爱上法国和南欧的居家风味，
而决定修建出属于自己的蒙马特

长变化的装置艺术里，也是进入了赖岳忠的实景创作世界。品尝这里的咖啡，享用这里豪华的美食，赏景之余，你的心扉，会像是出国度了一趟假期般绮丽。

赖岳忠最大的梦想之一，就是在自己创立的咖啡馆里举办20年来的摄影展，不过这个计划要等到他不忙时，才能好好地抽空筹措；届时，那会是阳明山蒙马特一场轰动的艺术盛宴。

延伸话题 1
贴心服务暖客心

贴心的老板，会希望把自己的店经营得具有人情味和家庭感，像蒙马特，店内安排得像是居家的场景，在意象上已非常鲜明有效，再加上大量使用布帘、桌巾抱枕等家饰品，点上温馨色感的灯光，还有那个冬天让人忍不住靠过去的烘暖壁炉，以及老板娘为了不让顾客在山中夜里感到寒凉，同时还准备了毛毯让顾客使用，谁的心，能不被这样头等舱般的温情收买呢？

延伸话题 2
自创风格莫拘泥设计教条

蒙马特的空间装修风格，起源于法国南欧的乡村风情，又带点希腊、巴厘岛villa的风味，许多开店者常会困惑于究竟要选用什么特定的风格，有些室内设计师也会坚持某种风格应该用什么做法和建材。

其实，室内装修的样式是弹性的，不需要拘泥于建筑艺术史上的教条，这样反而会失去创意自由和自己的特色。只要机能满足，在颜色、家具、布置品上搭配起来感觉和谐美好，就能为顾客所接受，如果再添加一些坊间业界没有的创意，你独创的休闲Style，也许就会是下一股造成轰动的装修旋风呢！

新修建的巴厘岛风味凉亭，让客人彷佛沉浸于东南亚舒适缓慢中

鲜艳大胆的色彩，多层次的情境设计，值得流连玩味

品尝咖啡，享用美食，赏景之余，你的心扉，会像是出国度了一趟假期般绮丽

自己动手拌水泥、上油漆，把抹得平整的墙面改成有些起伏，于是手做质感浓厚的味道就出现了

老板的省钱秘诀大公开

1.使用低成本的建材做出高品质

对于品质要求高的老板，要谈省钱是比较困难的。但还是有一些方法可以节省经费而做出不错的效果。如果墙面要有立体感，或是要制作立体装置艺术品，可以先用价廉的建材钉制出基本的模型，比如用胶合板、原木等，撑出凹凸样式和足够的厚度感，表面再抹上或贴上想要的特殊建材，尤其现在水泥饰面的工艺高超，用水泥加上喷漆上彩等技巧，就可以仿制出石材、岩面等效果，这样会比完全以实心材料构筑的费用便宜许多。

2.自己动手，满意又省钱

有些构想，通过言语和绘图未必能准确传达给设计师和装修工人，即使装修工人了解，动手施工也未必能做出符合你心意的成果。所以如果你的设计想法很特别，也要求特殊的质感，不妨仿效蒙马特的精神，自己多涉猎一些专业知识，买些材料和器具动手做，试验看看，只有自己才知道做到什么程度是最满意的效果。自己参与打造出来的店铺，感情会更深，信心会更强，而且可以省下不少装修的工钱。

蒙马特影像咖啡馆 DATA

营业时间 ■ 10：00—23：00，只有春节休假
地址 ■ 台北市士林区菁山路131巷13号

区域评估
阳明山大环境和法国的蒙马特类似，都位于离城市不远的近郊，一样要经过一段山路，至于那份浓厚的艺术气息，赖岳忠要靠自己的艺术实力来诠释。

商店定位
以法国南欧乡村居家风味来做咖啡馆的形象定位，希望把每一位来访的顾客，当做家人朋友一样来招待。

营业模式
以西式餐饮为主，如咖啡、花草茶、三明治、蛋糕、排餐（菲力牛排、法式羊排、鸡排）等。

店铺面积
室内外场地超过1000㎡。

装修花费
装修费约60万元。

蒙 马 特 影 像 咖 啡 馆

巴登咖啡

台湾咖啡、有机耕耘，古坑荷苞山的香顺传奇

巴登咖啡最著名的就是台湾本地栽培的咖啡豆，创始人张来恩先生在云林县古坑乡荷苞山上开辟了一座咖啡农场，20多年来从家族产业逐渐转为企业化经营，不仅获得食品金牌的肯定，更打响了台湾咖啡的国际名声。

使用高成本、费人力的有机栽种方式所生产的巴登咖啡豆，孕育出让顾客安心品尝的咖啡环境。

除了卖咖啡，巴登还有自己的西点厨房，生产西式、日式点心，如手工饼干、烧果子、果冻，以及咖啡酥饼、慕斯蛋糕等。巴登永康直营店表示，有自己的点心厨房，既可控制品质，又便于研发，这是坊间多数咖啡馆较难做到的。

推出的"宅配到府"服务，让不能亲自前来巴登咖啡馆的人，打个电话也能品尝到各种特制的糕点，另外，也可配合订制生日蛋糕、会议餐点、旅行餐盒、弥月蛋糕等预购服务。多元化的经营触角，让这独立的西点厨房极具经济价值，也在业界发展出自己的竞争优势。

巴登希望未来能以天母店为北区中央厨房，制作美味的午餐、晚餐，如意大利面、浓汤等，协助厨房作业空间较狭小的各家直营店，能够顺利推出更多样化的餐点。

店铺空间以英国乡村风格为主调，木质的温馨、布类饰品的居家感、暖黄的灯光，都是装修上的特色。

巴登咖啡并无开放加盟，而是以直营店的方式在北中南等地开设分店。这些直营店的装修工程，均由云林总公司派遣室内设计师和工人师傅执行，虽然空间风格以英国乡村风为定位，但仍会依照每一家分店所坐落的区位特性，作

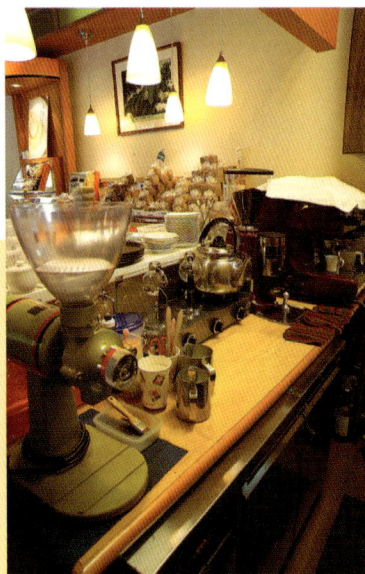

一楼店面26m²，需集中工作区利用小空间让作业顺畅，地下室则有52m²大的宽敞的座位

巴 登 咖 啡

装修布置上的变化。

为了节省装修费用，巴登有几项值得参考的策略：

（1）讲求视觉效果但不用实材（例如3mm厚的仿木纹PVC板当地面材料，效果逼真，且维护方便，又比实木便宜）。

（2）整体橱柜取代传统手工（规格化的整体橱柜比现场木工制作来得便宜）。

（3）全新与二手器材搭配（巴登公司内部有擅长维护器材的人员，采购二手器材时有专业评估筛选，运回的器材经过适当调整后，多可顺畅运作使用）。

（4）采购家具、器材、装饰直接从贸易商或工厂采购（省去大商场专卖店赚取的利润）。

通过以上这些省钱装修的原则，让巴登的店铺呈现出不错的气氛，却可以把成本控制在360元/m^{2}的实惠价，算算看，33m^{2}大的店铺，只需大约12000元就可实现，这般省钱功夫不得不学。

英国乡村风格的设计主调，木质的温馨、布类饰品的居家感、暖黄的灯光，都是装修上的特色

1.整体橱柜便宜又快速

利用层板和五金零件组合而成的整体橱柜做法，比起现场施做的木工可节省不少费用，也多了灵活调整的好处，在需要搬移更动装修的时候，只要把橱柜背面和墙面相接的黏着剂划开来，橱柜即可脱离搬动至新的定位点。

2.咖啡渣再利用，作为天然有机肥

巴登咖啡将制作咖啡用剩的咖啡渣收集起来，只要顾客或附近邻居来索取想作家庭芳香除臭用，店员就会慷慨地分装赠送。除此之外，巴登更将咖啡作其他的利用，把咖啡渣放进厨余发酵箱，加入专用的发酵剂，大约一星期即可制成堆肥，天母分店有庭院，正好可以把各分店送来的咖啡堆肥拿来施肥，滋养花木，如此让咖啡化为春泥更护花，真是一种资源再利用的学问。

3.人力依时段机动配置，节省薪资有一套

咖啡店除了厨房内场人员，还有外场服务人员，加起来每个月的薪资开销可不少。如果店铺生意有明显的高峰和低峰时段性，可以采用巴登张先生的做法：聘请几位主要的正职人员，高峰时段请兼职人员来帮忙。这样人力上可以作有效的运用，薪资花费少，不会造成人力和财力的浪费。兼职人员只需算时薪，这点对于老板来说不失为利多做法。

4."南部"人工材料比北部便宜

台湾地区南北部人工费用有差距，这点省钱机会可善加利用。巴登张先生指出，像是布料类，无论是材料成本或是缝制的代工费，南部都比北部便宜不少，每一天每一人工费用就比北部便宜30~40元，所以布帘、桌巾、坐垫、饰材等，多是通过南部总公司安排缝制加工好之后，再送至中北部各分店；室内装修的工人师傅也是从南部总公司派上来的，各家直营店的装修费用上都得以非常精省。

5.投射灯选冷光较省钱

投射灯在商业空间运用广泛，因为亮度高，有闪耀辉煌的效果，对于店铺空间和商品都有添加贵气的作用，然而耗电量大，有些人为了节省电费改选用"节能灯"，虽然灯具样式相仿，但是灯光色泽和亮度逊色不少。

如果希望有炫目效果，又想省钱，巴登的方法可以提供参考：投射灯可细分为冷光、热光两种，视觉效果差不多，不过热光会有明显的聚热效果；冷光灯泡相对不会有发热现象，而且灯泡使用寿命较长，也因为不发热，所以连带可以节省店铺里冷气空调的费用。

投射灯对于店铺空间和商品都有添加贵气的作用

二手机具品质判断方法

为了节省初期投入的经费，可选购一些二手生财设备。但是在二手设备中如何挑选出品质尚佳者，以减少后续频频故障的维修困扰呢？关键在于器械的"压缩机"，有三项重要的评估方法：（1）听听看运转的声音正不正常；（2）冰箱、冰柜、空调等，要测试一下冷度是否足够；（3）测试设备出风量是否顺畅充足。如果自己没有把握，可以找有经验、有专业知识的朋友帮忙判断，购得品质不错的二手货，运回后加以调整、保养（可花点小钱找专业技术人员代劳），才能安心准备上阵营业。

制品价廉者勿选，品质要精挑

同一企业品牌出产的电器、家具、服装、食品等各种产品，可能都有好几处不同的制造产地，技术纯熟度、品管控制性、工人素质等皆不同，所以在品质上也会有落差现象；购买商品之前要先看"制造产地"为何处。

生财设备若是经常出故障需要维修，既花费更换耗材的成本，还要加上请技术人员来维修的工钱，这样算来究竟划不划算，会不会变得更麻烦，店主要多斟酌再决定是否选购。

柔和、暖色系的光色，可以使顾客产生亲切感，营造出咖啡馆的温馨氛围

营业时间 ■ 10：30－22：30　地址 ■ 台北市永康街12-1号

巴登咖啡 DATA

区域评估
巴登总部对于开店选址的评估，多设在都会市集人潮多的地区，目前有云林总店，以及台北天母、台北永康、新竹、苗栗大湖和台中分店，陆续还会有新据点产生。

商店定位
以英国乡村风味为咖啡馆的主要形象风格，除了经营在台湾自己栽培的有机咖啡豆，也引进进口咖啡豆制作更多元化的咖啡饮品及糕点。

营业模式
除了卖咖啡相关饮品，还自行生产多元化的点心，店内用餐、外带礼盒、宅配服务三管齐下，并出售咖啡豆、即溶咖啡、滤纸、咖啡壶等原料和器具。

店铺面积
一楼店面约26m²，地下室B1约52m²。

装修花费
装修费约3万元（以360元/m²为参考数据）。

QK咖啡永康店

大学生当店长，加盟分店成典范，热门商圈夹缝出头天

QK咖啡永康店面为店主夫妇自有，正对人潮荟萃的永康公园，一楼和地下室加起来180m²左右，可以说具备了做生意的绝佳条件。夫妇一直考虑着要做什么生意比较好，集思广益后决定"卖饮料"，希望在竞争激烈的环境中挣出一片天。

商圈内的过路客多，茶饮制作简单且接受度高，价格上如果锁定中低价位，采取薄利多销的经营方式，应该可以开出一条商路。

由于初入此行，决定以加盟方式来创业，有总部的技术辅导和原料供应，可以迅速有效率地开店。

店铺装修由总公司派设计师与老板一起讨论，主要风格遵循加盟总部"明亮、清爽、活泼、时尚"等氛围设定，监工的设计师和施工人员都是总部派员前来，年纪轻轻还在大学就读的郭店长，也就是老板的女儿，在施工期间几乎天天监工，这样的态度让施工人员不敢急慢，这样做可以发现施工错误立即纠正，不让问题扩大到难以收拾的地步，也不会花冤枉钱来敲除改做，预定开张的良辰吉日自然也就不会延误。

咖啡豆的供应商除了供应原料外，还有专属的咖啡情境图片可输出、放大，协助开店的店家布置空间。

店内墙上有多幅海报取材于LAVAZZA咖啡豆商，再自己加画框，成了风格统一的壁饰。入口一幅都会女子的输出大图，则是店长和设计师一起另外找到的，她很满意地说："这幅图里的人往店内走，正好像人潮往我们店里来的感觉。"如滚动的风水球装置品，水流的方向要往店内流，象征开店财源广进，不妨就称此图为优雅的表现手法吧。

希望自己的店铺能呈现给顾客最好的消费环境，老板除了装修外还投入了不少经费，如液晶电视、马赛克拼花的工作吧台等，灯具还因为效果不如预期而重新更换过，种种用心都收到令人满意的效果，

利落又细致的入口门面，第一眼就博得顾客的好感

营业额在其他加盟店之中总是名列前茅，成为QK杰出的加盟典范。

许多人因为看到永康店的独特风格和好生意，而打电话给QK总部询问加盟事宜，总部的市场拓展专人也经常带人参观。

免费的无线上网是QK咖啡馆吸引人的原因之一，常有学生和上班族带着笔记本电脑来店里消费。另外，QK也推出中式简餐，拿手的馄饨面和咖喱牛肉饭很实在，很有家庭风味，举凡点心正餐，夏天冷饮，冬天热饮，大人的咖啡，小孩的珍珠奶茶，一年四季全时段的钱都赚得到。"师傅领进门，修行在个人。"有一个优质的加盟总部固然能有所依靠，但更重要的是加盟主自己的创业决心，以及超越总部制式要求，对自己店铺的栽培与耕耘。

只要总公司认可，自己找类似加盟主风格样式的餐桌椅、家具和生财设备等，则可以省下大笔费用

延伸话题

加盟的限制与弹性

决定加盟创业，哪些事情该依照总公司的规定，哪些是你可以尽量争取的自由决定权，这必须在加盟洽谈时就问清楚、想明白。达人的建议是，营业空间的主体装修架构、原料进货品牌与来源，可以以总公司的大原则为主，以免品质和味道走样，其他方面则可以自己评估后再决定是否配合。

（1）**装修布置方面**：店铺需要的小型家具器具，如生财设备、桌椅家具、装饰布置物品，可以和总公司协商，自行寻找风格符合但价钱上较便宜的物品，这样可以省下不少费用。

（2）**促销活动配合**：加盟总部常会建议加盟分店推出折扣活动，如买一送一、第二杯半价等促销方案，若觉得这些活动并不划算，可以向总部反映不参加此类活动，这一点在签约之前必须和总部把合作条件与权利谈清楚。

（3）**营业内容上的评估**：加盟总部通常会制定较宽广的营业范畴，像可能出售茶饮，又包括午茶糕饼、焗烤饭面、原料零售等项目，加盟主可以针对自己的商圈，进行消费客层需求的评估，再向总部协商省略一些可能不受欢迎的营业项目不做，未必要照单全收。

夏天冷饮，冬天热饮，大人的咖啡，小孩的珍珠奶茶，一年四季全时段的钱都赚得到

免费的无线上网是QK咖啡馆吸引人的原因之一，学生和上班族可带着笔记本电脑来店里消费

ranQueen ranKing

老板的省钱秘诀大公开

1.善用附近环境的免费优势

如果店铺空间出现座位不足的情况，而尚有地下室空间，相信很多老板一定会把地下室扩展来利用。QK永康店却把100m² 的地下室作为厨房和仓库，这一做法上店长很有自己的见解："对面就是永康公园，这么好的环境条件，不如鼓励顾客把饮料带到公园去品尝。"这样一来，地下室空间只需作机能性的配置，不用再花经费装修，也不需多加内场人力。

2.自己找家具，省去总公司转手费

加盟开店，需要配合总公司的装修风格，装修价格几乎已成定数，但在这其中仍有省钱的余地，像是餐桌椅等家具可以自己找类似风格的样式，只要符合总公司的要求，加上总公司代表或专属室内设计师认可，自己去找家具和生财设备，经常可以找到比总公司代购样式更便宜的款式，也省下总公司从中赚取的转手费用。

3.合约期满退加盟

加盟总部通常会要求签下1~2年不等的合约，这段合作期间必须给予总部加盟费用或利润成数，导致加盟开店的支出增加。如果营运一段时间后，评估消费客层与数量稳定了，可以考虑合约期满后不再续约加盟，退出体制，创立自己的店名，建立自我的原料供应渠道。

营业时间 ■ 10：30－22：30　地址 ■ 台北市永康街10-1号

QK咖啡 DATA

区域评估
永康街是台北市商业精华地段，假日人潮众多，附近还有住家、公司行号、学校等基本社区客层，店主评估这些顾客的共通消费性主要在于茶水类，因此决定经营此类生意。

商店定位
在商圈中高价位咖啡馆与低价位饮料店之间，取中间消费价位，针对流动性高的客群设计薄利多销的商品。

营业模式
QK咖啡永康店以咖啡、茶品、奶茶、果汁、砂冰等饮料，加上厚片吐司、松饼等点心，还有馄饨面、咖喱牛肉饭等正餐供应，以多元化商品满足多样化的消费客户。

店铺面积
一楼店面和地下室B1，共约200m²。

装修花费
装修费约20万元。

布夏拉提

音乐、书卷、烟草、怀旧杂货，人文咖啡馆的另类温存

姿态各异的台灯行列砌筑起柔和的光线，咖啡与烟草混合出一种独特的空间氛围，古典、温馨、浓郁，加上墙面陈列的怀旧影像，四处摆设的杂货收藏，布夏拉提——沉静却缤纷地营造出一种令人难忘的氛围。

上千片的CD收藏，好几个书架的藏书，只因为希望把自己的生活乐趣跟客人分享，让客人额外享受到精神上的附加价值。

斯文腼腆的老板，过去曾担任过MTV台的企划，也在咖啡馆工作过一段时间，开设布夏拉提，算是中年转业。老板对光线很有想法，每张餐桌上都有特别样式的桌灯，客人可以选择自己喜欢的灯具和光线感觉入座，有的呈现出贝壳光或金属感，有的则是布质与蕾丝，每一盏灯光营造出不同的对话，凝聚不同的情感。

墙面上琳琅满目的老旧海报，有些是在传播界工作时留下来的资源，吧台后方有烟酒公卖局和黑松汽水的广告铸铁板，是老板父亲开杂货店留下来的。这里早年由老板的父亲开设传统杂货店，现在传给下一代，变身为时尚流行的咖啡馆，有种年代和氛围反差的逸趣。

人情味也洋溢在这家店里，入口左后方的复古留声机，是老板的朋友从俄罗斯搬回来后放在店里的，有种半相送的情义；柜台吧椅上毛茸茸的大布偶，也是

朋友寄放后自然成为了店内的焦点。沿着座位的主墙面，像欧洲咖啡馆常见的两段式设计，上半部漆白色，可增加店内的清爽感和明亮度，也适合用来衬托要布置的怀旧图片，这些怀旧图片多是老板从自己喜欢的CD盒封面撷取后通过彩色影印放大，再裱褙装框就成了一幅幅挂画。墙面腰部以下半截为深色木材饰面，有稳定空间感和耐脏的双重效果。

在布夏拉提店里可以抽根烟放松，店里也卖烟，咖啡和香烟的双重"瘾君子"，都会深深觉到被接纳的喜悦与幸福。

墙面上有一些朋友从国外带回来相赠的特殊盒装烟草，老板舍不得抽，一盒盒黏在墙壁上，拼成了一种另类壁饰艺术。如果不介意多了一身烟味，这家店里许多观念上和空间上的细节很值得玩味，来店

温馨的灯光，复古留声机，随兴而丰富的布置，像极了家中舒适的角落

里找老板聊聊，你更会多几分文人的情怀和对生活的憧憬。

柜台前提供许多文艺活动海报，老板外出时会特别留意搜集，有些文化单位也会定期寄来，主要是希望让来店的顾客方便接触到文艺讯息，丰富生活。店内书籍也很多，有小说、漫画、杂志，窝在店内后方角落，有点像是置身小型的书屋，来布夏拉提消磨一个下午，甚至一整夜，绝对不会感到无聊。

每张餐桌上都有特别样式的桌灯，客人可以选择自己喜欢的灯具和光线感觉入座

延伸话题 1

有关吸烟区的颠覆思维

当全世界的餐厅都在禁烟，或是把吸烟区特设在角落、户外时，布夏拉提却大喇叭开放全店吸烟，老板认为这也是"尊重人权"的一种表现：吸烟者也应该受到消费尊重。布夏拉提在台湾几乎都禁烟的咖啡馆业界里，扮演了一个颠覆的角色。

这样做有利吗？在每个时代会有不同的社会价值观，顺应潮流通常是明智之举，而且容易获得商业利益；违背潮流做的通常是特定族群的生意，也就是所谓"小众"的生意，要特别注意店铺的坐落地点是否和这些特定人士活动区有就近关系，或是老板本身和这些消费人口有某种紧密的关联（例如为某社群团体的成员或领导者），如此才能增加商业立基。

延伸话题 2

"时尚营业"包藏"怀旧杂货"的空间手法

仔细品味布夏拉提，你会发现这家店的装修布置有点像是"柑仔店"＋"时尚人文"巧妙结合。以时尚的营业形象，内部却放着许多怀旧氛围与杂货，这正是以当下流行的商业空间形式为对外展现的姿态，来获得多数消费者的接受度，里头却可以出售自己所偏好的、收藏的物件，即所谓的"杂货布置法"，除可建立自己店铺的主题性，与其他咖啡馆区隔，也同时增加了店铺内的细部可看性、玩味性。

布 夏 拉 提

古典、温馨、浓郁，加上墙面陈列的怀旧影像，四处摆设的杂货和上千张的CD、两大柜的书籍，这是个让人难忘的空间

老板的省钱秘诀大公开

1.职业生涯囤积物的运用

布夏拉提店内许多资源，除了祖传或朋友提供的，多数是老板在职业生涯中陆续搜集来的，像店内上千张的CD、两大柜的书籍等，运用在咖啡馆里当做布置也兼具实用性，不必再额外花钱，也增加了咖啡馆的附加主题。

2.捡拾美学

老板是个念旧也惜物的人，对于旧的家具、物件怀有特殊的感情，加上有朋友在环保大队工作，有时捡到一些品质还不错的家电、家具，也会拿来送他，如店里的书柜和皮沙发凳都是捡来的，书柜整理后还具有实用功能，皮沙发凳的样式和质感都很好。老板大方提供了免费捡拾旧物的地点和时机与大家分享：

（1）推荐地点：豪宅区、别墅区、眷村附近。

（2）收捡时机：以上这些社区类型在过年大扫除，或是有人搬出、搬入的时候，可以发现一些淘汰的家具和杂货，里面不乏高档的二手货和特殊的复古物品。

3.材料较实材省钱

布夏拉提柜台用一般木料钉成，表面贴仿木纹的贴皮材料，比起实木制作，或是贴实木皮可以节省数千元。市面上贴皮材料样式很多，仿木纹的色彩与纹路就有不下数十种选择，而且塑胶贴皮维护清洁很容易，不怕水分潮湿，也不会有吃色渗染问题，可说价钱实惠又好用。

营业时间 ■ 11：00－24：00 **地址** ■ 台北市内湖区康宁路一段76号

布夏拉提 **DATA**

区域评估
祖传的店面位于内湖康宁路一段，附近沿线商业兴盛热闹，除了街面后方的住家人口，还有一些逛街人潮，评估后认为开设咖啡馆应能符合消费需求。

商店定位
老板本身抽烟，并认为吸烟者也有应该享有被尊重的待遇，所以全店不禁烟。

营业模式
供应咖啡、花茶、果汁类、蛋糕、手工饼干等轻食，店内也出售香烟。

店铺面积
店内空间约82m²。

装修花费
装修费用约16万元（含生财设备）。

卡缇尼

蓝天绿地大胆玩色、晕黄慵懒Lounge情调，一店两栖，风韵同享

明亮、鲜丽、现代感、线条利落，长条形的店铺搭配，简洁的动线规划，卡缇尼店面不宽，但显得格外深邃。年轻的老板是一对情侣，共同创业最大的希望就是能在内湖科学园区附近开一家气氛轻松的创意咖啡馆。

虽然不打算花太多的经费装修，但是该花的钱也绝不手软，要征服客人的不只是餐点口味，空间的风采、杯盘器皿的创意也都是讲究的一环。

玲珑透亮的水晶吊灯与玻璃柜里美味的糕点相互辉映，华丽风情揭开了卡缇尼的序幕，整个店内空间如一道彩虹划过，鲜艳得令人振奋。

吧台上方流线型的造型天花板像是一片晴朗的蓝天，连成一线的餐桌面采用明亮的橄榄绿，如长满嫩草的原野，橘红色的连排布艺沙发像是赭红的

土壤，有种让人异常放松的旷野魔力。披着老板最喜欢的蛇纹胶皮的单椅，一张张整齐排列，放眼所及每一张桌椅家具，都是经过用心设计制作而成的。

这间店面以前也是咖啡馆，但动线规划和风格都和老板预期相差很远，老板兑下来便花了一些费用做拆除工程，原本像是办公室的轻钢架天花板已拆除，改造成清爽明亮的白漆墙，墙面上一幅老板用夹板、披土和多层次蓝色油漆绘制成的壁画与一楼简约的空间风格很搭配，而且制作成本低廉，省却了动辄上千元的挂画开销。

延伸"光"的构想，地下室主要的光源就是每张餐桌上的烛台，加上几组轨道灯辅助照明，晕黄的 Lounge 情调和一楼截然不同，颇有一店两味的情趣。

卡缇尼的地下室也作为营业空间，

开敞的入口，明亮的大面窗，如热带鱼般鲜艳的装修，充满无限青春活力

餐桌面采用明亮的橄榄绿，
橘红色的连排布沙发，
以及老板最喜欢的蛇纹胶皮的沙发椅，
都是经过用心设计制作而成的

通往地下室的楼梯侧墙上有两具造型图案别致的烛台，点上烛光充满神秘魅惑的氛围。由于地下室的部分空间已经作为办公室和仓储使用，剩下的场地较方正，和设计师商讨后，决定架高部分地板来增加层次变化，在架高的层板处再打些灯光，制造出飘浮起来的奇幻效果，巧妙化解了空间原本四方呆板的感觉。

办公储藏的空间和消费空间仅为一墙之隔，为了减低压迫感，隔间不封到顶，且采用半透明的磨砂玻璃材料，在视觉效果起了明显的改善作用。

老板四处寻找特殊的用具和饰物，希望空间处处都能让客人感到新奇有趣。

吧台上四具别致的贝壳灯、夹板染色的地面故意用重设备拖拉出刮损效果，开业时朋友送的花篮架子改做浮水钵并点上漂浮蜡烛。厕所地面以地砖搭配小白石铺设成有野溪感的地面，洗手台则是一口大铝盆改装而成，还有以小砧板盛装面包点心的创意摆盘，造型个个不同的摩卡壶……连预订座位的牌子也很有创意，是把小牌子插在盛装粗盐的杯子里固定。

在这里特殊节日还会帮顾客拍照留念，既可增加和客人之间的互动，也可充实网络页面的广告资料。

夜晚时分，卡缇尼明亮的灯光从玻璃窗透出，店内鲜艳对比的一抹蓝、一抹橘、一抹绿，鲜艳缤纷得像是美丽的热带鱼，一家能洋溢悠闲欢愉气氛的咖啡馆已成功了一半，明亮热情的风格，是老板对顾客诚意的展现，也是对自己梦想亮度努力的燃烧。从卡缇尼的空间感到细节处好好品味一番，看看你获得了多少创意秘招。

利落简洁的线条，大胆用色，小空间张力倍增

幽静浪漫的地下室自成一处空间，有别于风格明朗

洗手台是由一口大铝盆改装而成的

卡 缇 尼

老板的省钱秘诀大公开

1. 夹板染色仿旧DIY

老板对于当初承租的店面地面材质并不满意，又不喜欢便宜但看起来崭新的夹板面质，为了营造古朴旧拙的感觉，所以在铺好地板后，要进生财设备和家具时还特别请搬运工在地板上拖拉，制造出一道道的刮痕，这种"洗旧"的做法免费又有创意。

2. 建筑工地找废弃建材

卡缇尼的厕所地面并未经过重铺，老板虽然不满意原本的地面材料，不过也想省工省钱，所以到一些在施工中的建筑工地附近寻找废弃不用的建材，免费搬回了几块水泥砖和小碎石，用这两种材料搭配铺设，显出了特别的踏感效果，而且没有花一毛钱呢！

3. 油彩壁饰自己画

购买现成尺寸稍大的艺术作品，价格通常动辄数千元，而且要花心思和时间去挑选，若是画作与店铺风格不协调，反而会收到反效果。卡缇尼采以钉夹板作为支撑的板面，然后在胶合板上披土做出凹凸浮雕效果，再分层刷上几种不同的蓝色，就完成了一幅风格简约又有艺术感的壁饰，除了风格随心所欲，又节省了很多经费。

预订座位的牌子很有创意，是把小牌子插在盛装粗盐的杯子里固定

为想营造古朴旧拙的地板，所以特地以重物拖拉出一道道的刮痕

小巧别致的用具和饰物，让客人感到新奇有趣

玲珑透亮的水晶吊灯为店内的都会风情加分

以小砧板盛装面包点心的创意摆盘，让客人赞赏连连

延伸话题 1

什么钱省不得

为了经济效益，有些装修费用能省则省，但是相对的，为了维持一定的营业水准，有些钱其实是当花则花，不能强求节省的，尤其以下几项相关的品质一定要做好，才能使店铺具有便利的机能和基本的美感。

（1）**动线机能**：客人的进出、物料的搬运必须维持便利，又不互相干扰，如果既有的空间条件不符合需求，一定要作调整改变。

（2）**产品品质**：产品是企业的价值中心，一定要赢得顾客的信赖和长期消费意愿，所以原料成本不能随意压低而不顾品质。

（3）**店面形象**：店铺出入口的门面效果一定要做出好形象，才能具备基本的吸引力，促使过路客有入店的欲望。

（4）**服务品质**：对客人服务要周到，不管是在服务面（态度、礼貌）或是设备面（空调、照明）都不能斤斤计较而因小失大。

延伸话题 2

让小空间变大的技巧

小本经营的店铺，经常会为了降低店租，而承租较小的空间，如何运用技巧减轻空间的封闭感，甚至创造出比实际空间更大的舒适效果，有以下几种手法可以参考。

（1）**收纳**：运用天花板、架高地板、楼梯下和橱柜系统，做好收纳功能，并且随时保持店铺整洁，不乱堆杂物。

（2）**隔间**：尽量不要增加隔间遮挡视线，如果真有必要，建议使用家具、屏风等柔性手法。要使用墙面来作为隔间的话，高度做到180~200cm即可，不要封到顶，使用半透明、全透明材料，可使光线通透，视觉上有延伸作用。

（3）**明亮与光影**：明亮的空间有使店铺放大的作用，采用颜色亮度高、清爽的壁材和家具，可以使空间感觉变得比较宽敞；略昏暗的空间，可以运用光的投射和阴影面，创造出虚实变化的层次感，以避免又小又空洞。

（4）**借景**：如果店铺四周临风景区或街道，可以把窗户尺寸做得大一些，甚至是整面做透明的玻璃墙，店内的视线可以看出去，视野变宽变远，自然忘却了店铺本身的狭小。

从卡缇尼的空间到细节好好品味一番，看看你发现了多少创意秘招

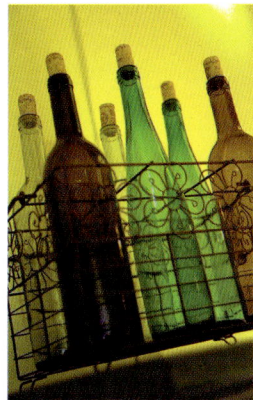

营业时间 ■ 11：00～22：00
地址 ■ 台北市内湖区江南街71巷2号

**卡缇尼
DATA**

区域评估
附近有许多社区，不远处有内湖科学园区，消费群符合店家的定位。
商店定位
性质接近社区型咖啡馆，服务附近邻居和上班族，客群很广，
店内有风格明朗的一楼，也有幽静浪漫的地下室，可满足不同的消费者。
营业模式
提供咖啡、茶饮、面包轻食、套餐等，配合节日会推出特别设计的菜系。
店铺面积
一楼和B1空间共约148m^2。
装修花费
装修费用约22万元（不含生财设备）。

圣塔罗咖啡馆 Centauro Coffee

美食、咖啡、音乐、历史感，竹科新贵浪漫开店

含户外庭院是市区少有的奢华店铺类型，圣塔罗运用别墅区建筑的空间特色，在前院栽培缤纷的花草植物，并搭配高架的原木平台作为户外用餐区。

别致的铁铸老鼠夫妇端着名片和菜单，伫立在门旁迎接着顾客，让人好奇想入店一探究竟。古典精致的座椅，质朴的樟木地板，一脚踏入这特别的天地，喧嚣就此抖落。

墙面上巴黎地图、欧式风情的建筑插画、精致小巧的咕咕钟，都是老板到法国、西班牙、比利时、匈牙利等国带回的珍宝，让人一进到圣塔罗，这一间充满历史感的木屋咖啡馆，就仿佛身处在欧洲小巷里的百年老店中。

圣塔罗的木屋情调全面采用樟木材，有别于坊间常用的胶合板、柚木、松木材料，经过特殊处理，颜色沉稳郁暗。店内墙壁腰部以下采用厚实的樟木板作为饰面，搭配上半部白色油漆，显现高雅的对比效果。墙面腰部以下为顾客容易接触的部分，以深色木材处理不但温馨而且耐脏。天花板间隔架设的木屋梁，使窄长的店铺显得横宽许多。

安静温馨的气氛，客人在店里可以坐到晚上12点。免费的无线区域网络，也是来圣塔罗的超值享受；带着笔记本电脑来，这里就是机动办公室。

书报架提供近30种杂志，外加好几份报纸，每两星期就更新，即使一个人来圣塔罗也绝不寂寞。这里不仅充满咖啡香，满满温馨的人情味也是服务的最大原则，圣塔罗想提供的始终比顾客想到的更多。

热情的老板因为曾在新竹科学园区工

別致的铁铸老鼠夫妇端着名片，伫立在门旁迎接着顾客

植草砖透出绿意，四季变换的草花，充满大自然气息的入口花园，让喝咖啡变得更享受

作，体会到园区人忙翻天的生活，还为顾客举办联谊活动，增加认识异性的机会，参与者都是经过老板严格挑选的。老板对自己的眼光颇有信心，短短半年已举办过4届联谊，在圣塔罗专属网页上也可以看到活动的纪录照片。

　　老板身兼店内大厨，意大利白酱海鲜面、特浓咖喱鸡肉焗饭、清爽不油腻的德国猪脚等多样美食皆出自她的巧手。

　　圣塔罗一直都以成为竹北最浪漫地标为努力方向，因为这样的生活，就是老板自己所憧憬的。如果你也想开一家高质感的咖啡馆，圣塔罗会是一处值得学习的范例。

老板身兼大厨，意大利白酱海鲜面、特浓咖喱鸡肉焗饭，多样美食皆出自她的巧

很新的店铺，巧妙打造出通往欧洲古老历史的长廊

老板的省钱秘诀大公开

1. 老板兼大厨

餐饮店的人事开销里，厨师的薪水占有很大的分量，如果自己有一身好厨艺，外场也有人手可以照顾，不妨亲自为客人做料理，一来节省厨师费用，二来好处是顾客对口味的反应，可以由自己来掌握和调整，减少与厨师沟通协调上的困难。

2. 真假植物穿插运用

圣塔罗位于台湾省著名的"风城"——竹北地区，户外植物每日的照顾较为吃力，如果还是希望能维持花木繁盛的景致，变通的方法是一部分使用真实植物，一部分使用人造植物。具体的做法有几项原则：

（1）尽量挑选强健、耐风耐旱的植物品种，减少照顾程度及经费损耗。

（2）背风面可选用真实植物。

（3）迎风吹袭较强的位置，可选用做工逼真好品质的"人造植物"来穿插运用（避免选用做工粗糙的人造植物，以免被顾客一眼识破，反而破坏庭院的美感）。

（4）设立挡风篱笆，或是采用其他装饰来做庭院造景。

（5）干燥花材是另一种素材，如干燥的薰衣草、玫瑰、雏菊等，可以收集成束或搭配藤圈，作为门环或挂在墙面上做成装饰。

3. 养成向原料厂商砍价的习惯

原料的进货成本，直接影响店铺的每月开支和利润，如果和固定的原料厂商配合一段时间之后，可以要求厂商给予优惠的折扣，哪怕是每千克便宜一两元，累积下来都很可观。有两个重要的砍价技巧供参考：①每三个月（一季）和原料供应商讨论是否可以适度折价；②态度诚恳，意志坚定，养成砍价的好习惯。

以圣塔罗为例，不仅因此节省成本，和原料供应商反而建立起开诚布公、同舟共济的互助情谊，此方法值得一试。

4. 训练员工节约能源

节约能源也是省钱的主要环节，开店老板本身就必须身体力行，也要灌输员工这样的观念，例如注意各种气候情况下灯光和空调的开设比例、厕所灯光不用时要关闭、食材善加利用不浪费、厨房内有些塑胶袋等耗材之再利用等，老板和员工都养成节省的习惯，可有效减轻水、电、天然气和耗材费用上的开销。

殊处理的樟木材，颜色郁暗，天花板间隔而屋梁，使窄长的店铺有层次变化

圣 塔 罗 咖 啡 馆

联谊活动炒热话题

如何破除单调，增加店内活跃的气氛，除了因应各种节庆增添装饰、变化菜单之外，"办活动"也是一个不错的方式。圣塔罗办过4次联谊之夜，主要参与的人有来店消费的顾客，以及老板自己的单身友人，这种特殊包场活动，收费可另定特殊价格，且每次活动几乎都是全场坐满，当日收入可能比平时营业日更丰厚。

圣塔罗有自己的网页，通过网络把活动照片登录刊登出来，在网络上也能造成宣传效果，吸引对该活动有兴趣的网友注意，可为下一次的联谊活动预先暖身，增加报名率和被讨论的热度。

打造梦幻店铺的元素

开咖啡馆的老板多半感性，希望店铺也能反映出自己的风格特质，其实打造优雅的店铺并不难，多把握以下几点就可以做到：

（1）选择柔和偏黄色系的灯光。

（2）用粉色系与棕色系风格装修。

（3）播放抒情背景音乐。

（4）以舒适的家具搭配抱枕、桌巾等配饰。

（5）注意餐点的美感，餐具的挑选和配色、摆盘都需与店内的气氛搭配。

（6）任用亲切的服务人员。

如果你也想开一家高质感的咖啡馆，圣塔罗会是一处值得学习的范例

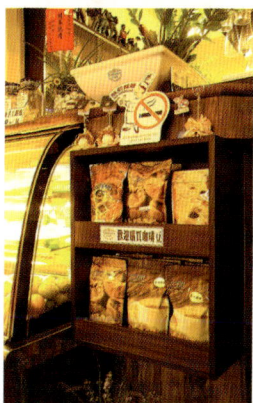

营业时间 ■ 11：00－23：00，有时配合客人活动营业至深夜24：00
地址 ■ 竹北市文义街245号
网站 ■ http://www.centaurocafe.com.tw

圣塔罗
咖啡馆
DATA

区域评估
老板希望自己开设的咖啡馆具有欧洲风情，气质优雅、如诗如画，
因此选择在新建林立的竹北别墅街区，租下店铺设点营业。

商店定位
希望营造出欧风咖啡馆的特色，最初定位在以咖啡、轻食点心为主，
开店后因应顾客要求增加了午餐、晚餐的服务。

营业模式
以提供午餐、下午茶、晚餐为主，另有零售咖啡豆、手工饼干。

店铺面积
主要顾客使用区加上厨房工作区共约105m^2。

装修花费
装修费约13万元（不含生财设备）。

莫内花园

花间咖啡、友朋相聚，别墅招待所圆梦巨作

街道转角精华位置，一栋引人羡慕的独立别墅建筑，庭院里草皮、绿树交织，小巧的池塘里有睡莲和游鱼，蕨类和花卉点缀出四季的活力；走上台阶，赫然发现咖啡树在寒冷的冬天里结实累累，很少有咖啡店真正栽植咖啡树呢！

莫内花园为一栋别墅型建筑，来这里喝咖啡就像是到了老朋友的别墅里一样亲切，充满居家风味。

老板在预售阶段就买下这栋建筑，和建筑商商议窗户样式，并指定铺设具有木质纹路感的防火木纹砖，交屋后无须再为样式不满意的问题敲除地砖重铺，省工也省钱。因为厨房空间不够使用，作了部分扩建，由于技巧高明且建材风格统一，整体建筑外观上并没有不和谐的情形。

户外庭院有用餐区，放置三组实木休闲桌椅，很适合家庭用餐，花园里有各种乔木、灌木、花草，有的开花，有的结果，因季节而变换叶色与花姿，即使常来的顾客，四季都可欣赏不同的景致。

室内装修由温馨的木材与精致的家饰、拼布布置而成，整间店铺充满着柔美舒服的质感。

莫内花园目前由老板的外甥女负责经营，员工也多为女性。具有文学气质的店长非常注意各种文艺活动，随时收集各地文艺活动海报，放在店里供来店的顾客取阅。摆放这些文艺海报的台子，是由老裁缝车改掉面板制作成的，颇具巧思。墙面上做工精致的拼布、木制杯架、花卉浮雕、串珠门帘，把室内装点得典雅耐看，几盆翠绿盆栽与户外庭院的绿意连成一气，加上白天光线明

庭院里草皮、绿树交织，舒适宽敞的木桌平台区，由自然光线和绿意环抱，充满野趣风情

亮，来莫内花园，可以同时享受到自然与文明的洗礼。

装修工程以木工需求比例最重，所以找木工师傅来主导装修工程，负责店内天花板、隔间、门扇、窗框等大架构。实木吧台有着触感舒适的台面，搭配欧风砌石感的台座，为店内的视觉焦点。真材实料加上厨房扩建、水电、油漆、园艺等其他工程，整体装修费不含生财设备，已达20万元。

装修期间因为"追加预算"，而造成装修费用超过预期，木工师傅有些创意设计和店长的期望有落差，也让店长感受到主导权受损。

这些误解和不愉快都由于一开始未约定清楚，其实可以靠着事先协议好的具体"设计图"、"估价单"来确认，避免后续困扰和纠纷。

因为装修费用上的超支，在花园设计和家具采购上，店主变得更加谨慎，庭院方面因为建筑商建设时已有基本草地，店长只需挑选植物盆景，花费比聘请专业景观工程公司的费用省下了约4/5，然而因此缺乏专业的排水系统设计，日常浇灌和维护工作时就必须特别注意。户外休闲餐桌组和吧台里的各种生财设备都为二手品，经过精挑细选、还有九成新的商品只花了原价的五成价格，相当精省。

从花园到室内，从昼景到夜景，从空间到装饰，仔细品味，都会发现莫内特有的格调与坚持。到最容易被忽略的厕所看看，光那扇实木门扇就花费4000元，厕所墙面上还设一个小看板，张贴文艺活动讯息呢！你会惊叹，来莫内，连上个洗手间都是一种享受。

温馨的暖色系，典雅的串珠门帘，带给顾客轻松自在的氛围

莫内花园

用裁缝车改掉面板制作的台子摆放各类文艺海报，墙面上做工精致的拼布、花卉浮雕等巧思，把室内装点得典雅耐看

老板的省钱秘诀大公开

1.买预售屋，尽早提出变更要求

决定自己购买店铺的老板，如果买的是预售屋，可在兴建之前提早向建筑商要求自己所喜欢的隔间样式、窗户型式、地面或墙面的建材，让建筑商有充分的时间调货和调整施工，这样才能确保依照你的需求来修改。通常改变隔间不会加收费用，地砖材料则视所指定的建材而补贴多出的价格。若能及早约定好趁着第一次施工就完成，在后续的装修工程上可以省下不少工钱和工期。

2.砍价精选高质感二手品

对于愿意花几十万装修的老板来说，想要在局部省钱，却又不能因此破坏店铺装修的格调，必须很注意省钱的手法。廉价的二手货要讲求品质，宁可多花些时间寻货比较，勿仓促购买粗劣的淘汰货。

3.请原料商兼维修

莫内的咖啡机为转让品，虽然机器很新，但是没有保固维修的保障。店主于是找咖啡豆供货商介绍懂得该品牌咖啡机的厂商来配合，如此一来，咖啡机出现问题时，即有免费的顾问可以咨询协助，如果遇到严重的故障问题，原料厂商也会帮忙找到专业维修人员来协助，因为同行之间介绍，收费上会比较便宜。

4."装熟"套交情

相信缘分吗？相信磁场吗？人与人之间如果谈得来，聊得开，往往生意上的价钱也好商量。莫内店长运用自己的"亲和力"，在购物时和许多厂商配合愉快，像到台北永乐市场购买布料后，楼上就有许多裁缝师傅可以代工缝制成你指定的布饰，找到谈得来、配合度好的代工师傅，不仅成品符合度高，价格上也比较能议价。

小心装修"追加"费用

　　装修过程中，"追加"工程是许多店主容易忽略的一环。无论是追加工程项目还是材料数量，都是因为当初设计讨论时有所疏漏，这个严重性反映在"费用"也会跟着追加，以至于超过预期的花费，且追加工程可能还会影响到完工日期，对于急着开店和看好"吉日"要开张的店主来说不得不谨慎。

　　要避免这种情形发生，就要在设计讨论过程中务求详实，像店铺面积测量、建材的尺寸与耗材估计、工程项目与内容、工作天数的计划等，都要准确确定之后，绘制明确的"设计图"，建立条理分明的"估价单"，并在合约上注明发生追加事情时业主和工程单位之间彼此的责任和费用负担，以减少因为装修公司的粗心而遭受的损失。

专业设计师的功能与价值

　　专业设计师在室内装修工程中称为"室内设计师"，在户外庭院方面称为"景观设计师"，许多人认为聘请这类专业设计师，就代表花费会很昂贵。

　　其实，一分钱一分货，专业设计师具有较完整的设计、统筹、监工能力，对于忙碌而装修专业知识不足的老板，仍是利多于弊，可以避免因设计不周详、施工错误而造成被迫重新敲除、勉强修补的窘境，"亡羊补牢"的做法，费用上甚至可能比当初聘请设计师来得更高。要想确实省下"设计费"，必要条件是店主自己对于设计、装修、监工都有一定程度的了解，在开店的准备期间，多涉猎此方面的书籍，多请教专家，无论是请设计师或是亲自与施工师傅沟通都会有帮助。

从花园到室内，从白天到夜景，从空间到装饰，仔细品味，都会发现莫内特有的格调与坚持

营业时间 ■ 11：00－22：00   地址 ■ 竹北市文信路139号

莫内花园 DATA

区域评估
设点于社区别墅荟萃的地段，位居明显的街角位置，可同时网罗附近居民与过路客。

商店定位
希望能够成为一处人文气息浓厚的咖啡馆，因此店内提供丰富的文艺讯息给顾客，可说是附近生活圈里餐饮服务与文艺的交流站。

营业模式
以出售午餐、下午茶、晚餐为主；二楼为包厢空间，并有二手精品展示出售。

店铺面积
一楼室内约82m^2，户外还有庭院座位区。

装修花费
含厨房扩建约20万元。

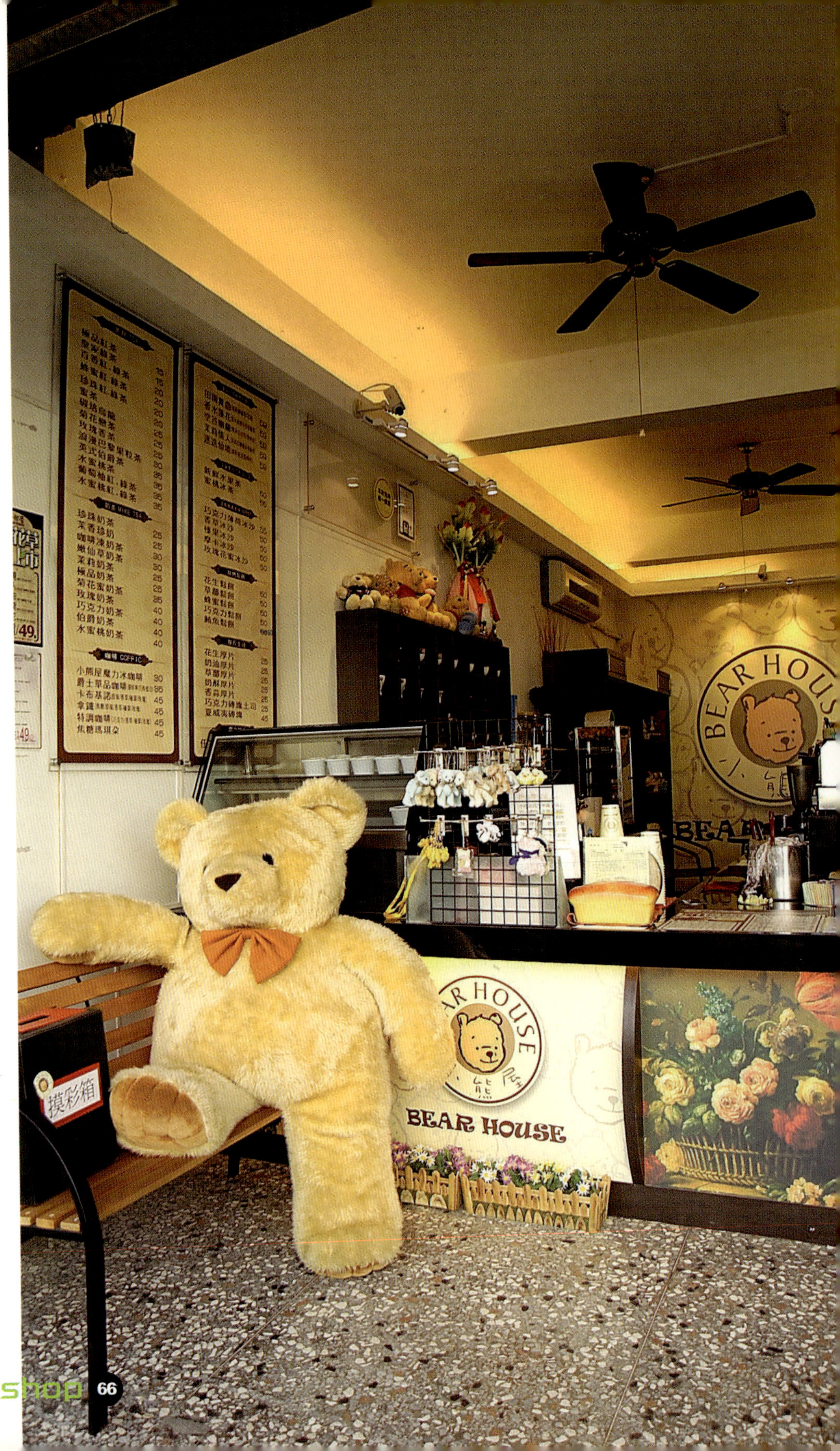
BEAR HOUSE
BEAR HOUSE
摸彩箱

小熊屋 Bear House

告别上班族，建立属于自己的事业，让你与玩偶一起喝咖啡

小熊屋发迹于台中，继旗舰店、中友店、逢甲店、十甲店的加盟开张，竹北这间小熊屋为桃竹苗地区的首间加盟店，门口一张长座椅上坐着一只和人一样大的毛熊偶，屋内温馨的黄褐色系、可爱的小熊LOGO、显眼的杯器展示柜，以及绒毛瓷器等小熊玩偶商品，小熊屋给人丰富又童趣的视觉感受。

巨大的"蒙娜丽莎熊"喷绘图片，是小熊屋总部和各分店一贯的精神象征，主墙纸使用大图输出贴图做法，1m²连工带制作约40元，视觉效果抢眼。

店内的地板是充满复古风的磨石子地，其实，这些地面材料一毛钱也没花，直接使用房东原本的地材，清洁、维护都很容易，可说省钱又省事。

生财设备部分全部购买全新品，初期投入的成本较高，但是好处是降低故障率。老板建议如果经费不足，器材如咖啡机、封膜机、制冰机、冷冻柜等设备，可以下列几种方式取得：①租赁；②买中古货；③"分期付款"来买全新设备。有些设备厂商会推出优惠，像实际有帮助的：租咖啡机附赠咖啡豆！

饮料加松饼一份定价10元的超值午茶组合，可说是已经到达"割喉战"的地步，眼前百家群起的微利时代，"薄利多销"是经营店铺的最重要策略。

主餐加1元可以任选饮料，而老板会帮你把这1元捐给世界展望会，让客人备感温情。虽然价格实惠，但是品质不能马虎，便宜加美味才能培养出长期的主顾客。

老板认为开店成功，有三项重要原则：①商品品质好；②开店风格要有主题性；③客户关系的经营培养。总公司已经帮加盟者确立了第二项原则，商品品质和顾客关系，则要靠开店老板自己的努力了！

以"外带"为主的便利咖啡饮料店，店铺空间不用太大，善用巧思必能拥有自己的风格

延伸话题 **1**

企业"偶"像的塑造

巨大的"蒙娜丽莎熊"喷绘图片和门口长座椅上坐着的毛熊偶是小熊屋总部和各分店一贯的精神象征

　　以小熊屋为例，小熊屋的招牌LOGO就是一只可爱的小熊图腾。

　　另外，把LOGO再转化为实质的商品也可增加收益，例如引进小熊玩偶在店里出售，除了销售商品增加收入，也有装饰店铺、加强主题的效果，可说一举数得。加盟店可以依所在区域族群的特性向总公司低价进货，如果有哪款不好卖滞销，还可以退货给总公司。若是自己在外面和其他玩偶供应商批货切货，就没那么好商量了。

延伸话题 **2**

选一个优质的总公司

（1）**总公司的诚意**：选择加盟有个重要的标准——总公司要有照顾加盟店的诚意，从以下几点可以判断这家加盟总公司是否优质。

①对于加盟者的态度是否热心；

②是否提供技术、评估商圈、装修店铺、协助贷款等服务；

③从总公司进原料的价格是否低廉；

④了解其他加盟店对总公司的评价。

（2）**选择加盟创业的好处**：如果能够找到好的总公司，选择加盟创业有以下几种好处。

①形象明确；

②立即享有知名企业的吸引力；

③技术指导，用心即可现学现卖；

④总店协助评估商圈和装修事宜，省事省力；

⑤原料采购价格可能比市价便宜。

延伸话题 **3**

网站电子化宣传术

　　小熊屋网站对于该企业的经营方向、商品介绍、加盟店的地址和电话都有明确的告知，若能在网络流传开来成为讨论话题和推荐商店，则对于各地区的加盟店来说，坐收连带效果，不用自己花任何费用，就能收到直接的网络宣传效益。

小 熊 屋 充满复古风的磨石子地，清洁、维护都很容易

1.不敲墙凿壁，明管装修好方法

承租店铺的人都会遇到房东会要求不可破坏既有的空间条件，不续租后得把店铺空间"恢复原状"。这些要求对装修会造成限制，如果将原本空间变动太大，到时候要复原可得再花一笔经费。小熊屋的做法是不挖开墙壁，把必要加装变更的水电管线，以"明管"方式施工，不美观的部分则以吧台和橱柜的夹板遮丑，除了省下泥水费用，即使日后搬迁不承租，也不用再次挖凿拆装，轻松复原空间交还给房东，省钱又减少纠纷。

2.经费集中，效果最大

把经费集中用来装修对外开放的营业空间，如门面、吧台、座位区等空间，不对外开放的厨房、仓库、厕所空间则不必设计，维持基本的整洁和卫生条件即可。

3.尽量使用原店铺空间条件

店铺空间的原本条件是决定装修规模和经费的一大关键，在挑选店铺时，除了考虑消费商圈位置，同时要注意店铺空间是否优点多于缺点，譬如四面墙壁油漆整洁，或是地面铺面可以直接利用，就可以省下不少装修费。如果空间采光好、通风佳，则可省下照明和空调费。

营业时间 ■ 10：30－22：30，周日至18：30　　地址 ■ 新竹市北大路267号
网站■ http://www.shopcool.com.tw/profiles/bearhouse/overview.html

BearHouse
小熊屋
DATA

区域评估
锁定密集的大楼住宅社区、行政机关办公区、中小学等消费族群丰富之地，并与性质相似的店铺保持一定的距离。

商店定位
以"外带"为主的便利咖啡饮料店，店铺空间不用太大可节省房租；也不用请太多员工以节省薪资。

营业模式
以咖啡、茶和松饼为主，也提供小熊玩偶装饰物。
台中总公司为复合餐厅经营形式，主打焗烤餐点和饮料，也是各加盟店的原料、玩偶饰品供应商。

店铺面积
卖场面积约26m²，厨房和仓储约16m²，共承租42m²。

装修花费
约3.6万，全由总部派人设计和施工。

Chapter 4

时尚生活热门店

空间

无国界复合式料理、随时间变化的动态装修, V-Plus 2006蜕变新演出

前身是经营进口冰淇淋的V-plus薇普拉斯, 鲜艳的装修风格, 至今仍令人印象深刻。现在店铺空间有了重大的转变, 充满时尚感的年轻老板Jessica表示: "经营的内容增加, 连店名也改为更具有想象张力的'空间'"。

台北市东区的繁华地带, 毗邻而开的店铺各有各的来头, 无论是经营主题、装修特色、老板的实力, 没有特色是难以闯出名号的。

向外突倾的金属架构与透明玻璃, 组合成现代感十足的橱窗效果, 推开那扇充满中国风味厚重的嵌铜饰大门, 即揭开"空间"的装修新序幕。深色地面等距镶着如钢琴白键的跳跃感, 地面高低错落借以分区, 也增添了空间的层次变化; 墙壁为了后续要搭配艺术品的装置, 以水泥裸墙作为基底。

重新装修最大的投资在于餐桌椅家具的更换。除去内场空间, 对外营业面积其实并不大, 却因为装修手法的变化和精致粗犷相互衬托, 而显得颇有戏剧张力。

以"灯光"、"音乐"和"食物", 把一天分为四大主题来经营, 随着午餐、午茶、晚餐和宵夜四个时段的不同主题, 场景及音乐、灯光各自营造出不同的韵律感。

Jessica和从事室内设计的友人, 活用布置、灯光、音乐和食物, 共同建构出"空间"的四大演出, 包括: ①中餐时段的精致怀石, 呈现的是明亮清新的感觉; ②下午泰式风味的小点, 带点轻松欢乐的气氛; ③晚餐的合菜和单点, 有家庭的温馨, 也兼具聚会的热闹; ④深夜的宵夜酒水, 塑造微醺的陶醉气氛。而开店时期受欢迎的健康点心, 也依然被保留在菜单上, 是夏季的人气商品。

老板的用心不言而喻, 在"空间"待一整天, 欣赏着"空间"随时段变化的流动美学, 你也许会冒出许多对于开店装修的特别灵感。

铸铁设计的招牌, 充分表现出现代感的冷冽风格

向外突倾的金属架构与透明玻璃, 组合成现代感十足的橱窗效果

空　间

开店达人「炼金术」

活用布置和灯光，就是"空间"的设计特色

华丽的家具，慵懒的情调，多样的变化，将都市生活的渴望展露无遗

浪漫的帷帘增添空间的神秘感，也巧妙界定了餐区的分隔

空　　间

老板的省钱秘诀大公开

1.原有资源做基础，重点增设不浪费

营业一段时间后，若要进行店铺的装修或翻修，最好还是保存原有的基础，必须更换、效果显著的部分才考虑改装，这样花费会比较经济。

如"空间"生财设备、机能性为主的厨房和厕所等几乎不变动，工作吧台只更换表面材质，效果就会有很大的不同。也可以把门面稍加整理，墙壁油漆换个颜色，或是桌巾桌布依季节更换选色，效果也都很大哦。

2.淘汰旧家具，拍卖折现金

店内经营几年后，如果需要改变风貌，要淘汰的生财设备、餐桌椅组、斗柜厨具、灯具摆设等可别急着丢掉，拿来拍卖还可以变点现金，不无小补。

最好在监工前一个月就开始通过网络发出拍卖讯息，因为已是二手品，依物品的卖相和功能，价格上通常会折损五至六成，也就是说比以前购买全新品的价格打个五折、四折，甚至二折更容易卖出。

记得和买主约定交货的时间，在装修前店铺停业时把物品搬走，以免影响施工和开张营业。如果没有货车也没有时间帮买家载运，要特别先说定需自行取货，以免产生运费问题的纠纷。

3.食材不需复杂，料理手法才是关键

有日式怀石的精致美味，加上泰式料理、马来西亚风味餐，又要以西餐方式呈现，而且还要卖健康点心，你一定会想，那得要准备多少食材、原料啊？

其实这些灵活多样的菜单变化，并不意味着就得有特大的储藏室和冰柜，主要受到考验的是厨师的功力，选用适量的食材种类，不特别昂贵、不多样到造成采购麻烦。这样的创意菜单既能吸引顾客，又能避免原料采购时费钱、费时的问题。

营业面积不大，却因为装修手法的变化和精致性相互衬托，而显得颇有戏剧张力

延伸话题 1

分时段设定主题的"动态装修"风格

"空间"分时段、生命感的装修计划，先不论效果技巧如何，就企划面来说就非常吸引人，也让想要开店创业的人有深思之处。

对于一些老板和设计师来说，空间是静止的物体，室内装修只是化妆拉皮术；对于另一些老板和设计师，空间是活的，有生命和表情变化，有空气在其间流动，有光影随阴晴幻化，有人潮的出入与声响，有植物花木一起吐纳做伴，空间随着音乐的旋律也有情绪的起伏，随着食物餐点的风味，有各种文化性的张力变化。

把空间当成静态之物来设计的店铺，必须在餐点和商品上大力加强才容易受青睐；后者把空间活化成消费舞台的做法，光是装修上的演出，就足以让人难忘，当然如果食物商品也能兼具美味，双重加分必定赚钱。

延伸话题 2

数年一换的装修魅力

在竞争激烈的商圈中开店，为了让顾客有新鲜感，必须面临到店铺的第二次、第三次，甚至更多次的"变装"。最大的问题是：有足够多的盈余用以支付这笔开销吗？二来店铺改装期间暂停营业的损失是否能够接受？如果这些都不成问题，再考虑改变装修的幅度该有多大。

（1）就时间上的评估：通常装修工程较大如全店翻修，会需要30~45个工作日才能完工；小规模改装通常也需要10~14天。

（2）经费上的效益：设想好这次变装最大的效果着重在什么部分，是墙壁的颜色、家具风格、灯具照明还是地面材料，把可以继续利用的部分保留下来。新旧比例互相搭配，除减轻变装装修的费用负担，也能缩短工期，提早重新开张的日期。

待个一整天，欣赏着"空间"随时段变化的流动美学，你也许会冒出一些对于开店装修的灵感

营业时间 ■ 11：30－02：00
地址 ■ 台北市忠孝东路四段223巷10弄6号

区域评估
台北市东区长期来都被视为时尚胜地，许多新观念、新风潮、新鲜货都在此诞生，Jessica也在此种下这棵属于自己时髦又健康的创业之树。

商店定位
当初的"V-Plus薇普拉斯"以清新的轻食甜品店为主题；现在的"空间"加入了无国界料理，且区分了四时段的经营特色。

营业模式
供应午餐、下午茶、晚餐、宵夜，正餐单点、合菜、点心选择多元化。

店铺面积
店铺面积约120m²。

装修花费
装修费约50万元。

蛋饼坊

特收古董车，冲浪创高潮，让早起的鸟儿来店大开眼界

这是活／移动早餐车吗？几面切割开的古董车和另一台开往店内的完整古董货车，使整间店铺发生戏剧性的效果。

老板在"车窗"里煎着蛋饼，老板娘在另一台车里打包早餐，再从车窗递出来给你，旁边有人坐在古董货车上吃早餐。

菜单板是用一个冲浪板做成的，但是店里又是车又是海的，究竟是怎么回事？

原来老板谢先生喜欢冲浪，且爱搜集古董车，两项特殊的嗜好累积不少具体的战利品，灵机一动干脆拿来摆在店里，既有地方贮藏，又可当做展示布置，一举两得。

工作吧台所运用的车体饰面，是由一辆复古二手车切割开来的，老板透露这部老车只花费2000多元就购得了，自己再刷上漆使外观美化不少。而送到汽车维修场切割成两半的费用，比购车费用高出一倍之多。

店内另有一部1965年的马自达K360复古老货车，现在还能上路哦，货车上安置两排坐垫和一张铁脚的松木餐桌，是老板和朋友合力制作成的。吧台上方有许多片国外的车牌也都是老板的收藏品，另外像国外的拆卸下来的加油机、商船船舵，都是难得一见的机械零件，摆在店内为了装饰，也大方地供来店的小朋友们玩。还有消防栓、转盘式电话、仿古留声机、大同宝宝、老款式的汽车模型等。

蛋饼坊的大装置和小玩艺，有些从特殊渠道购得，有些是网络上寻到的宝物，大大小小都充满着怀旧和童趣。

路过蛋饼坊的人多会驻足多看几眼，有人惊叹，有人忍不住噗嗤而笑，无论是什么反应，这家店已在顾客与路人的心中烙下深刻的记忆。卡哇伊又有型，家常与品位兼具，想开家超特别的店？来参考一下吧，好好刺激一下你的创意神经。

连装筷子的桶子都是原来装机油的罐子

在货车上吃早餐超酷的，大人小孩都很喜欢

橱窗摆设可使店内气氛变活泼

蛋 饼 坊

延伸话题 **1**

个人偏好成装置艺术，要够分量

冲浪和收藏古董车是老板的最爱，店内可看见好几个挂设的冲浪板；工作吧台为旧型车切割改装，马自达K360复古老货车，国外的车牌、加油机、商船船舵，都是非常少见且特殊的物品。

利用自己的嗜好用品和收藏品布置出店面效果，有独特风格又省下装修费用。原则上摆设品应该尽量符合美观、新奇、有趣，避免诡异及危险性。一部分结合机能，有些纯欣赏也无妨，与店铺空间自然融合形成美感和趣味，就不会显得突兀做作。

延伸话题 **2**

集约效应未必分得到大饼

蛋饼坊除装修特别外，因为老板个性亲切，且手艺扎实有特色，开店后生意兴隆。有些人也来附近挤着开早餐店，整条街高潮时期多达5家早餐店，后来生意都不如预期，纷纷关店转业。

俗语所谓"闹街集市"，系指在人气旺的地段，可以趁着其他店家的盛气连成一气。但要注意开店的类型不能太雷同，仔细观察评估附近的消费需求和人口数量，尤其开店绝对要有自己的实力、特色，才有竞争力，否则盲目跟进追随潮流，很快会失败。

切割开的复古货车，改装成工作台，
让过客惊叹驻足，进而一试成主顾

蛋 饼 坊

特殊的冲浪板及主题海报吸引顾客的目光，简单布置也能立大功

1.祖传老店彻底利用

店铺特色、扎实的手艺、亲切的服务，这三项创业成功的要素蛋饼坊都兼具，更大的优势是店铺为父亲传下来的，不用负担房租，开销上省力不少。拥有父母祖先留下的房子当店面用，是创业中非常幸运的事情。

蛋饼坊几乎没有装修工程，老板自己有很特别的古董车摆设物可做布置装饰，所以多沿用店铺既有的建材和形式。

2.杂志剪报成墙画取材

要在店铺墙面上做图面影像效果，得先找到无版权问题的基本图片，送到输出店放大制作成大型裱板或粘贴施工，市面上有许多价位不等需花钱购买的图库可选购。蛋饼坊的做法是从国外杂志剪下自己需要的主题影像，再请输出店评估输出放大后的品质，可省下购买图档的费用。但是要注意是否有版权问题，避免省小失大。

3.日光灯管、节能灯泡OK！

早餐店的客人多半赶时间，店铺装修不需要特别奢华，家具、建材的选用和灯光效果上都可以以价廉为标准。蛋饼坊店里多使用一般的日光灯管作照明，嵌灯也采用安装节能灯泡的形式，除了以前原本作为客厅之用的区域，有几盏较耗电的卤素灯之外，整体上都符合省电计划的原则。

蛋饼坊 DATA

营业时间 ■ 06：00－11：00
地址 ■ 台北市内湖路二段193号

....

区域评估
店铺为祖传，地点上没有选择性，评估过附近消费群多为学生和家庭人口，而且该路段当时没有早餐店，老板又刚好有一个开早餐店的堂哥，以此优势就近学习，学成之后和太太一起创业。
商店定位
蛋饼坊主要经营早餐，消费群虽单纯，但因为特殊的室内装置艺术且蛋饼好吃，在网络上流传打开知名度，也有人特地从老远来参观，意外披上"观光景点"的荣袍。
营业模式
早餐只有蛋饼类和饮料，是限定专卖的店铺，蛋饼皮为老板夫妇手工制作，口碑好，所以虽然餐点类型不多但生意不错。
店铺面积
店内空间约50m²。
装修花费
装修费用约16万元（含生财设备）。
未来计划
老板谢先生热爱海边环境和冲浪运动，希望未来能在海边开着"行动蛋饼车"，边卖早餐边欣赏海景，打烊后还可就近冲浪去。这样的构想正是行动咖啡的另类发展，也许在注重休闲养生的未来，有特色的景观餐车很可能会成为一种新兴的早餐业发展趋势。

猫花园

收容猫成"招财猫"，寄养狗成"来福狗"，从5到17+1的喵汪乐园

先猜猜一家宠物餐厅里应该有多少只动物？1只？2只？错错错，猫花园里，一共有17只猫咪呢！每一只都养得健康可爱，梳理得整齐蓬松的长毛使这些猫咪看起来胖嘟嘟、软绵绵的，还有1只黄金猎犬穿梭店内，猫狗相处一室，你一定会纳闷：会不会像电影《猫狗大战》的状况发生呢？其实它们"一家子"训练有素、相处融洽。

开宠物餐厅，既要服务客人，又要兼顾宠物，可说是高难度挑战。这些宠物如果训练有素，就会像猫花园一样成为店里的"来福狗"、"招财猫"。

老板夫妻原本都在餐饮界工作，工作多年后，彼此心里都想着迟早要开一家属于自己的咖啡店，最后却因缘际会的开了宠物餐厅。原来是因14年前的一场奇遇，

当年在门外捡到一只逻辑猫，像是认定了这对夫妻般徘徊不去，心想既然"寒夜客来"，就暂时收留它，没想到这只猫已经怀孕，后来生下3只小猫。

养猫生活就此展开，加上朋友们偶尔转送，自己忍不住又认养，家中猫咪数量愈来愈惊人，夫妇俩的创业计划也多了考虑：既然要一边照顾猫咪，不如就开一家可以让宠物同行的餐厅吧。

开店时有5只猫，现在一共养了17只猫再加上1条狗。当时台湾宠物餐厅风潮还未兴起，猫花园可说是走在潮流前端。

创业之初经费并不宽裕，幸好有家人出资才开成这家店。一开始看中的地方租金都太高，后来找到这处租金便宜的店面，虽然位处偏僻、人潮不多，但看在租

猫 花 园

动物专用的座位，客人可不能坐啊

金较便宜的好处上，老板夫妇决定带着心爱的猫狗伙伴在此扎根开店。

一切受限于经费短少，也只好简单装修，老板娘自己有些美学底子，再找来设计公司工作的学弟，因为有认识的班底，享有"熟人价"的优惠，老板娘不好意思地说："当初我就讲明自己只有多少经费，但是要学弟帮我做出很多东西。"在极有限的预算里要做出许多效果，老板和设计师都花了许多心思想出省钱的技巧，像以便宜布帘来美化原本丑陋的墙壁，在木工施工完成重要的装修架构后，就请他们收工，自己上场刷油漆、作装饰（这样可以省下几天工资）。有些墙面还自行抹上披土再刷油漆，制造出梦想中的希腊风情。

利用空闲、盈余时间陆续改善店内的装修，还是能渐渐达到想要的装修效果的。只要以创意技巧营造气氛，一定能弥补经费不足所未能臻至的完美。

宠物餐厅最专业的部分在于"猫室"，尤其店内宠物若是整天整夜在店内生活，一定要设置有独立空调通风设备的"猫室"，才能让餐厅里维持清新的空气和卫生。

来到猫花园，你感觉到的是老板的热情、动物的可爱，已看不到过去那段筚路蓝缕的创业过程。当初不被看好的店铺位址，现在旁边就有捷运站，街区店铺一家一家地开，逐渐热闹起来，且经过多年经营，猫花园在宠物餐厅界也建立了知名度，想开动物餐厅的朋友，可以到这里汲取一些灵感，也可以好好思考：要追随潮流创业、挤进昂贵当红的商圈，还是动脑发掘潜在商机、提早投资未来具发展性的地段呢？

店内许多有关猫咪的周边商品和展示收藏，让猫花园的主题性更鲜明了

猫 花 园

专业的"猫室"有独立的空调设备，可维持店内空气品质

老板的省钱秘诀大公开

1.提早收藏开店相关物品

老板在开店之前已经在餐饮业工作很长一段时间，除了自己的收集，通过公司老板订购餐具有较大的折扣，在自己开店时把这些收藏品加以运用，免去专程选购的时间，又省下了一笔费用。

2.工班提早收工，自己动手后续工程

工程师傅每天每一位的薪资几乎都在100~150元，算算一天如果有3位工程师傅在店里施工，光是人力工资就要花300~450元，施工的天数愈多，花的费用就愈高，所以如果想要省钱，可以请专业师傅施做构架的部分，后续的油漆、彩绘、装饰由自己来完成，这样可以省下数千元以上的工钱。

猫花园的老板还利用相机自己帮店里宠物拍照，打印后过胶，就可以拿来布置墙面、做餐桌的衬饰，既能凸显店铺的主题，也是一种省钱的布置做法。家常方式、便宜材料，不见得做不出好东西哦！

1

针对动物需求的特殊空间设计

开宠物餐厅之前需要花很长一段时间预先做的，就是要耐心训练动物的礼仪，训练好之后才能开店营业。像有些老板会要求店内宠物不可触碰客人的食物、不可上桌，必要时，店家也要要求客人不要任意喂食店内的宠物，双方面一起配合效果最好。

人畜共处彼此要有适当的活动区域、位置规划，像宠物餐厅会有动物专用的座位和卧铺，动物不能上客人的椅子；如果宠物打烊后仍在店里面睡觉，则专业的"猫室"或"狗间"是必要的，这块空间多以玻璃隔间，围塑出一个独立的区块，大小视宠物数量多寡而定，并摆设适当的卧铺、沙盘、攀爬树等设施，最重要的是"独立的通风设备"，与客人活动的餐厅区空调分离设计，才能保持店内空气的清新，减少异味。

2

维持原创精神，避免风格雷同

猫花园的老板娘因为本身有美工背景，也了解要创造出自己店铺的原创精神，所以过程中完全不参考别人的店铺。好处是不会受别人影响而改变自己的想法，不过在建材的运用、材料和颜色的搭配、施工方法等方面，还是可以多参考专业书籍和请教专家，可以摆脱盲目摸索的困境。

3

老旧店铺电力负荷不足

租赁店面时，要注意建筑物的兴建年代，老旧的房舍较容易有电负荷量低、容易跳闸的问题，近十年的新建筑则这方面问题较少。切记不可自己任意增加保险丝，如果租用老旧的建筑物，要请水电师傅先做好专业鉴定，是否需要重新更换线路，并尽量采用耗电较低的设计风格来装修（例如减少用卤素灯可以明显节省电力和电费，猫花园店内最初设计数十盏卤素灯，后来经常跳闸，加上动物不喜欢刺眼强光，所以现在改变为较柔和的照明方式，改善了跳闸问题，也连带减少了电费开销）。

来到猫花园，你感觉到的是老板的热情、动物的可爱、丰富的装饰和柔和温暖的氛围

营业时间 ■ 12：00－23：00

地址 ■ 台北市士林区福华路129号1楼

猫花园 DATA

区域评估

受限于创业之初的租金预算，所以在自己熟悉的生活区域选择较便宜的店面租赁。

商店定位

客人可带着自己饲养的猫、狗宠物来店消费，店里主要服务对象为客人，
宠物有专用座位和小零食，但不特别为宠物准备餐点。

营业模式

供应午餐、下午茶、晚餐，也出售少量猫食和逗玩用品；另可供团体包场办聚餐活动。

店铺面积

店内空间约82m²。

装修花费

约16万元（含生财设备）。

洛印早餐咖啡馆

从緩慢美学进入竞速战局，咖啡馆的文化移植，早餐界的华丽革命

近几年想开咖啡馆的人比比皆是，说到"早餐咖啡馆"倒是挺新鲜的名词。洛印早餐咖啡馆，前身为洛印咖啡馆，14年来经营得有声有色，后来老板娘把店交给弟弟经营，和先生另外开辟出咖啡馆形式的新支——洛印早餐咖啡馆。

曾被装修公司设计师揶揄"20万装修的空间，卖4元的蛋饼"，洛印舍弃坊间早餐店美耐板、不锈钢等耐用却冰冷的装修，店内木质建材的装修透出十足的温馨和华丽感。

彷佛进入英国乡村家庭餐厅，洛印的每张桌面上都有一具桌灯，蕾丝的灯罩透出晕黄的灯光，欣赏墙面上各式各样充满欧美乡村田园风情的装饰物，享受价格实惠、全麦多蔬的健康早餐，有种置身异国恬淡又华丽的错觉感。

经过一年半的摸索调整，洛印培养出不少懂得享受早晨时光的忠实顾客，这是一处可以安静看份报纸喝杯早安咖啡，或是和几个家人好友共享健康早餐的好场所。

挟着14年的资深经验，从原本经营咖啡馆习惯的"慢"美学转而成为早餐业之间的"竞速"服务，从泡一杯咖啡卖20元，变成煎一个蛋饼2~4元，洛印经过一段艰辛的适应期。

即使过了早餐尖峰时段，仍有许多商务人士来店里洽谈业务，附近学校的晨间义工妈妈们下班后也常会到洛印来聚会。老板娘表示："健康早餐里的蔬菜水果，都是我每天亲自选购而非叫货的。"这份开店热忱除了吸引顾客，也吸引许多怀抱理想的创业人想商请加盟洛印。也许当这样的人愈来愈多时，这种高质感的"早餐咖啡馆"，将会成为下一波加盟的主流。

别致的木折门除了视觉效果外，冬天可挡风，夏天可以阻挡冷气外流；美观又实用

洛印早餐咖啡馆的创意经营构想非常坚持和努力，因此打动了许多顾客的心

洛 印 早 餐 咖 啡 馆

墙面上挂着老板喜欢的装饰和珍藏品，俨然像一处私人家饰精品店

延伸话题 1

领导趋势需四力

　　台湾餐饮业看似蓬勃发展，相对的彼此竞争也大，选择可靠的总公司加盟具有技术辅导和原料供应的优势，如果希望自己创立出自我品牌风格，则要有充分的"创造力"、"执行力"、"财力"与"耐力"。

　　洛印开拓出新的"早餐咖啡"经营形态，长期作消费市场测试、耐心培养新消费族群、教育消费者新生活消费观念等，只要有坚定的信念和长期经营的打算，将来一旦成功，还有机会发展成为一个事业体系，开放加盟获得更多利润，并成为该行业的先趋典范。

延伸话题 2

高品质店铺的成本回收期延长

　　装修费和设备购置费用愈高，则成本回收的时间也会延长，因此决定要打造一间高品质的有型店铺，除了初期费用预算要提高，也要预估约一年半到两年的回收期，这段时间需要开支的房租、人事管销、水、电、天然气、原料进货、维修整理等可能的费用，都要先预留经费，才能度过创业的耕耘阶段，安然撑到开始回本的丰收期。

洛印早餐咖啡馆

20万装修的空间，卖4元的蛋饼，
但因此也培养出不少懂得品味早晨时光的忠实顾客

老板的省钱秘诀大公开

1. 采用装修公司统筹发包

自己对店铺已有设计构想，请装修工程公司来代为规划、绘图、订货、监工，这种发包方式比起一开始就找室内设计师或建筑师来得便宜，而且装修公司因为和工班与建材商关系"熟门熟路"，点工、叫货并不见得比店主自己东找西找凑起来得贵，而且还能够替店主省下不少时间力气。

2. 区分轻重，善用材料

在装修材料上用到一些高单价的进口地砖、板岩、实木、进口精品家具家饰，在早餐店业界可算是高成本，由于营业空间就有85m²左右，面积不小，老板把钱花在刀刃上，将价格昂贵的进口地砖建材放在内用区，外带吧台区和厨房厕所一带则以水泥地处理，以平衡总预算。

3. "跳蚤市场" VS "印度阿三" 好砍价

店内墙面上挂有许多精致的装饰物，这些都是老板和老板娘经年累月慢慢收集而成的，要想高品质装饰物，但是又希望能尽量省钱该怎么办呢，老板提供了三个寻宝的好去处。①跳蚤市场：有许多古董、二手或全新的宝贝可挖掘；②外销精品家饰店：如台北忠孝东路后头街区，这种外销公司有些也有对本地人零售或批发，多售内销少见的特殊商品；③异国民俗摊贩，俗称"印度阿三"。这些外国零售商会从自己的国家带一些很具有文化特色的商品来贩售，通常可以还价砍价，找几个亲友协助，兵分多次、轮番砍价，效果最好。

4. 改造旧物再利用

老板娘把家中一些不用的旧相框重新上色涂漆，里头再用质感好的纸张写上店铺的特色餐点，或是有助于加强店铺气氛风格的文句，挂在墙上，就是很好的装饰品。

营业时间 ■ 6：30－14：30，周一偶尔休息。
地址 ■ 竹北市博爱街439号

洛印早餐咖啡馆 DATA

区域评估
开设在邻近火车站的沿线上，沿线街道在几年前是市区里最繁华热闹的街道，虽然市政重心移转到另外的街区，不过旧市集仍有充沛的人潮车潮，加上亲戚提供店面可用较便宜的租金承租下来，因此决定设店于现址。

商店定位
将坊间早餐店"多元化的餐饮选择"，结合咖啡馆"高品质的空间气氛享受"，特别强调"健康路线"，使用全麦面包、汉堡三明治里增加丰富的生菜蔬果，美乃滋和调味品坚持"质好量少"等。

营业模式
供应早餐和午餐为主，所有汉堡、三明治、蛋饼和午餐饭面，完全新鲜现做不用调理包。依据来店的顾客消费特性，周一至周五多为上班族，周六、周日多为全家人同行的家庭式早餐。

店铺面积
一楼店铺空间约85m²，二楼为住家。

装修花费
旧房舍管线整理加上地面、墙壁、天花板、吧台等整理，装修约16万；若加上生财设备，共计约花费24万元。

草叶集概念书店 Leaves of Books

颠覆时下商业空间型式，消费美学再教育，充满斧凿痕迹的DIY精神

在质感一看就很舒服的木楼梯前，入店的顾客必须脱下鞋，像是回到自己的小木屋般轻快地赤足上楼。二楼是书店的真正卖场，丰富、温馨、放松的感觉，洋溢着醉人的音乐与书香，这是踏进草叶集深处感受到的最大魅力。

在分为一楼、二楼和夹层的多层次空间中游走着，往往不经意间就会发现一些巧妙的装饰物和空间变化。

书架与阅读区的风格丰富，让顾客在不同的气氛里品味书香。有席地而坐的和式矮桌和坐垫区，有客厅般面对面的长沙发，沙发上柔软的彩色抱枕让人一坐下去就赖着不起，也有像是餐桌和古典单椅的阅读区，想高人一等的人还可以选择吧台式高脚椅。二楼挑高处上头有长廊式的夹层，咖啡馆式的单人沙发气氛十分静谧。

另一处令人惊喜的角落是一楼楼梯上来的私密帷帐，窝在里头可以戴耳机听音乐，音响设备一应俱全，老板Only爱书也爱音乐，私人收藏数千张CD，大方与顾客分享。

草叶集装修除了以木质地板、层板做书架，洋溢小木屋般温馨恬淡的气氛，还搭配了一些色彩鲜明的坐垫、抱枕、装饰品。

老板搬运来两根巨大的漂流木加上几片层板，拉开一面开放式的书架，视线向上延伸，你会惊讶发现漂流木顶端竟然巧意钉接上互相岔开的角钢，一支支像是向上生长的枝杈，也像是不对称的伞骨。撑起夹层的一排钢柱顶端也用同样手法，这些角钢和充满张力的钢管，共同撑起了这间小木屋的斜屋顶，也为草叶集概念书店撑起了一片梦想天地。

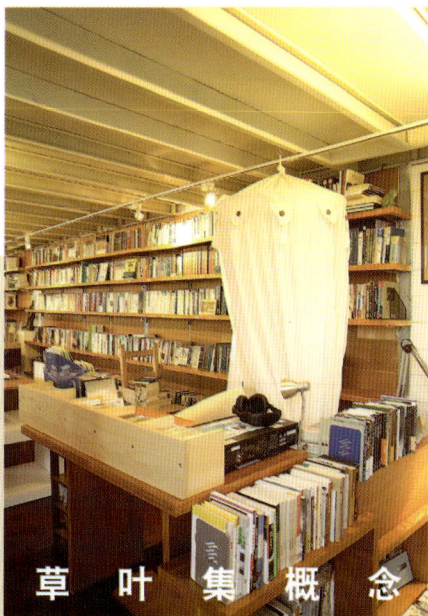

楼梯边利用空间出售概念生活的各类商品，丰富门面也能增加收入

白色私密帷帐里，听音乐的设备和防干扰的耳机一应俱全，是个不受打扰的角落

草 叶 集 概 念 书 店

老板亲自设计和打制的阅读椅，以及由漂流木加上几片指接板做成的开放式书架，匠心独具

曾经到过哪家书店可以这般享受？轻松、舒适、雅致，予人暂时遗世独处的氛围，可以以轻松的姿态，坐下来仔细品阅一本书之后，再决定是否购买？

放眼所及这些创意都是老板Only和合伙人Pagge一起设计、亲手施工打造出来的，这间书店不只是她们的事业，更是她们的"志业"，这股热情使来过的顾客都为之动容，让顾客感到备受宠爱的"Lounge Bookstore"风格，在台湾文化产业中并不多见。哲学、社会、心理、食谱、绘本、建筑、美术、设计、时尚、趋势、文学、音乐、经济、电影、环保等经过精选的相关杂志和书籍，Only更用特有的专业背景和知性方式分类为bridge（桥梁／沟通）、theory（家园想象）、build（营造）、network（网络关系）、motive（幸福动力）、recycle（回归）六大价值任务类型，希望能为附近社区居民注入更有意义的生活动力，酿制出美好多姿的生活想象。

除了尽兴地阅读、优雅地消费，这里也不定期举办读书聚会、社区讲座和爵士、电子音乐演奏演唱会等活动。

草叶集的白天与夜晚呈现出丰富的变化性，使消费者有想要一探究竟的新奇感，如果你想开一间复合式经营的书店，这里绝对值得取经学习。

草 叶 集 概 念

角钢和充满张力的钢管，共同撑起了这间小木屋的斜屋顶，也为草叶集概念书店撑起了一片梦想天地

老板的省钱秘诀大公开

1. 高明的免租金谈判提案

老板Only一直想开一家理想中的书店，物色良久后看中了这间一楼为咖啡店的屋舍，当时二楼正在对外招租，她与咖啡馆老板（也就是房东）提出一种"无租约的互惠合作"方案，她负责替房东整理出一个有风格的好空间，使一楼咖啡香、二楼书香相得益彰，但是约好无租金期限为5年，5年后租金仍需Only自己来筹备。借此至少Only得到了资金喘息与筹措的延长期。

2. 渐进式、分期付款，自己当木工

店内除了曾经请木工钉制一些书柜，其他的木作都是由老板和工作伙伴DIY完成，而且在专业木工制作时老板自己也在旁观摩学习，还买了整套木工用具，自己跑建材市场、五金店买木料。所以绝大部分的木架、地板、木楼梯、厕所的木门、斗柜、特殊制作的座椅，都是采用渐进式完成装修的做法，经费也得以陆续给付，轻松不少。

3. 运用既有资源作布置

捡拾漂流木和自家收藏品来装饰布置卖场，可说是实用又省钱。

4. 另外兼差增加收入

合伙人Pagge常忙于对外的演讲邀请和辅导其他书店成立，她和Only为了支持草叶集的营运顺畅无忧，另外还有自己的生财之道。

延伸话题 1

整个时代的舒适沉迷：Lounge风格

近几年工作压力问题受到普遍重视，如何休闲、轻松地生活成为一种时代新趋势。而"Lounge"一词当红，Lounge风格的家具也成为室内设计里的重要一支，"Lounge"究竟是什么意思？就字义上解释为闲散、舒服、慵懒、放松的特质，这字眼常被用在饭店、机场的贵宾休息室或酒吧间。想打造一间具有Lounge风格的店铺，可以从以下设计方向和挑选家具诀窍来着手：

（1）在空间规划设计上，强调机能动线单纯化，无障碍或阻挡感。

（2）在空间中某处或墙面上使用"适度留白"的手法。

（3）造型尽量简洁、单纯、不尖锐。

（4）使用原始天然的材质，重视触感舒适。

（5）颜色以自然界里的大地色和纯净的白色为主调。

（6）讲究舒适放松的尺寸、触感，符合"人体工学"。

（7）光线采用间接照明，使用较晕黄的灯光，避免刺眼炫目。

（8）运用抱枕、布幔、帷帐、披毯、桌布、珠帘等令人感到放松的元素。

延伸话题 2

台湾消费美学仍有待成长

草叶集概念书店特殊的理念和空间形式，在经营过程中曾遇到几个问题，很值得想开这样书店的创业者深思：

（1）招牌以"概念书店"的字样，以及舒适如家庭般的卖场设计，曾让有些客人产生不确定感。有人问："这是一般书店吗？这里的书都可以买吗？"他们以为进入了一间豪华私人大书房。

（2）有些顾客因为进店里需要"脱鞋"而却步，分析原因可能有二，一来由于部分人性格较保守，担心自己鞋子有异味而不好意思脱鞋；有人因为怕麻烦而懒得脱鞋。老板Only认为，要求客人入店内脱鞋子有两大好处：对客人好，可以让身体足部放轻松；对店铺好，可以让木地板和书籍维持好品质，减少出入带进的灰尘。

目前台湾多数的消费者在购物时，仍习惯于商业机制设计下快速浏览、促进消费的模式，"消费美学"与"自我意识"仍有待成长进步，然而符合这样素质的消费人群一旦培养起来，很容易就会成为忠实顾客（因为通常人对消费空间品位提升后，就不容易再退步），所以值得好好培养。广为宣传自己店铺的理念，并且开发出潜在消费族群，是最需要努力的重要策略。

你是否找不到一间能舒服浏览群书，细细品味书香之美的书店？
在与草叶集偶然邂逅之后，也许你心里的疑虑会就此消散

营业时间 ■ 11:00－23:00
地址 ■ 竹北市县政九路177号2楼
网址 ■ http://www.leaves.com.tw

草叶集
概念书店
DATA

区域评估
位于竹北市的新竹县立文化中心附近，该区文艺气息浓厚，为新兴市镇，附近有许多科学园区和高级知识份子上班族住的社区群集，附近书店只有一间以传统模式经营的连锁书店，草叶集概念书店具有一定的独特性与竞争力。

商店定位
身心清新有机路线＋社区生活交流中心＋市区性风格书店。

营业模式
复合式经营，以销售书籍杂志为主；另有售小农再制产品、面包、杂粮、健康饮料、手工服饰；定期和不定期有乐团表演、举办为社区打造的分享讲座、读书会、纪录片放映等活动。

店铺面积
约105m²，有挑高的特殊空间感，部分做夹层以保存既有的空间开敞优势，另一方面也能拓展出更多营业面积。

装修花费
采用陆续添加装修方式，经费从初期2万渐进给付，有"分期付款"减低压力的好处。

皮纹生活馆

科学皮纹评量、梦想咖啡生活，创意的复合式经营

　　瞥见"皮纹生活馆"的招牌，许多路过的人心里总是打上一个问号：什么是"皮纹"？这是怎样的店？从擦得透亮的玻璃门面往里瞧，看来是一间很舒适的咖啡馆模样。

活泼明朗的氛围，大型液晶屏幕电视、免费宽频上网，更让店内充满科技感，这就是精心设计的"异业结合"与"置入行销"。

　　皮纹检测，被称为"解开人类身体密码的转译技术"，在台湾可说是新兴的行业，通过人体天生形成的指纹特质，对个人性格与潜力作分析，目前多运用在幼儿潜能开发与学习辅导上，也可帮助许多不了解自己的成人发现自己的潜力特质，在学业和工作上可以更准确地选择行业，发挥所长。

　　两位负责人认定皮纹检测会是一项有价值的事业，毅然放弃当时数十万年薪的工作，成立达尔文教育机构，投入皮纹市场的研发与专业人才培训。一人负责教育研究与皮纹检测，一人负责市场行销开发，经过两年的努力，终于开发出独步全球的DNA人脉经营管理系统。

　　合理价位的咖啡，是个肥美钓饵，吸引顾客入店进而接触"皮纹检测"，作连带性的双重消费。皮纹生活馆也是开放加盟的一个展示橱窗，所收到的利润比卖咖啡更高。

　　店内提供免费的宽频无线上网，另外有代客收发邮件、传真等服务，对许多业务员、SOHO族来说，只需买一杯咖啡，就可以把这里当工作室工作一天，还有液晶电视让顾客随时掌握新闻或球赛，这些便利的附加价值，是许多商务人士喜欢光顾的原因。

　　皮纹馆一楼提供咖啡和餐饮，以及皮纹检测咨询，二楼会议室可出租给需要场地开会的团体，各项播报投影设备一应俱全，每次出租收取人头费20元/人，因附近办公区特性常有保险公司来租赁开会，可说是个店铺多元化经营，多管道增加收入。

大面玻璃橱窗，让路过的人一眼看进店内的商业属性

延伸话题

想精致装修，又想省钱

希望自己的店铺能装修得舒适精致，但是又希望装修费用能够尽量节省，该怎么做呢？如果你资金不充裕，却想把店铺打造得精致，有以下几个方法可以参考：

（1）省租金作装修：租面积小一点的店铺空间，或是向拥有一楼房地产的亲友协商以优惠价格租得，都可以省下不少租金，把资金多多运用在店铺设计装修上。

（2）多使用国产建材：在同样质感的要求下，国外进口的建材因为要加上运费和经销抽成等，价格通常都比国产品贵上好几成，所以尽量从国产建材和家具、家饰品里头挑选品质好、样式佳的产品来运用，整体装修起来风格未必逊色。

（3）仿效果的替代建材：现代印刷技术已非常进步，在视觉和触觉的模拟仿制上，几乎达到惟妙惟肖的程度。不一定要选用昂贵的"真品"，便宜材质的仿造品也可多考虑，如人造皮革替代真皮、仿金属仿古砖取代真正的金属材料、仿木纹复合木地板取代实木地板、水泥板或喷漆方式取代真实石壁墙面等，这样价格通常可节省下几成甚至一半以上。

（4）收购二手精品家饰家具：精美的家具、装饰物、艺术品，全新商品通常都价格不菲，不妨到拍卖网站、二手跳蚤市场里寻宝，看看有没有物美价廉的二手货；另外，有些家具家饰精品店如有瑕疵品、寄卖物，也会以优惠方式促销，多问多找，都会有不错的收获。

在高质感咖啡馆免费上网、阅读书刊，可说是一大享受

皮 纹 生 活 馆

品质浓缩法

皮纹生活馆希望自己店铺呈现出来的风格，要舒适明朗，具有精致美感，这样的室内设计期待，通常在装修预算上就要增加。变通的方式就是，"租面积小一点"的空间，每月可以节省下可观的店铺租金，把资金用来打造较高品质的店铺装修和维护费。

吊扇是通风的好帮手，也可提升冷气的冷房效果，且降低冷气电费

营业时间 ■ 周一至六8:30－23:00（周日公休）
地址 ■ 竹北市县政九路135巷6号

皮纹
生活馆
DATA

区域评估
看准竹北市为新开发的城市，有"小台北"的消费能力素质，具有丰富的成人和学童双市场。
商店定位
皮纹生活馆的定位，主要作为：皮纹检测的展示窗口 / 提供专业皮纹检测咨询 / 咖啡餐点供应 / 会议空间出租。
营业模式
目前店铺一楼：咖啡简餐+皮纹检测咨询室；二楼：会议室+员工宿舍。
店铺面积
一楼约42m²，二楼约20m²空间做营业用途。
装修花费
约16万。

JUICE
果汁吧
DATA

营业时间 ■ 周一至五11:00－19:00　　地址 ■ 竹北市县政十街68号

区域评估
附近社区多，居民素质高，能接受健康食品。
商店定位
健康饮料和点心供应站，出售健康观念，期望成为社区交流中心。
营业模式
现打新鲜果汁、健康茶饮品、蔬果三明治、厚片吐司；另兼卖梅干菜、冷冻水饺、剥皮辣椒等美味的家常商品。
店铺面积
约16m²大，位于路口转角临巷道两面（俗称"三角窗"地带），位置显眼，很具商业价值。
租金
利用先生租下来的办公室一角，租金全免。
装修花费
约2.7万元（含生财器具）。

JUICE果汁吧

仓库变店铺，妈咪变老板，亲子点心成商机

JUICE是位于市区巷内的果汁吧，老板原是家庭主妇，孩子都上国中后，开始认真思考自己的生活重心该有些转变。由于有扎实的料理手艺，擅长做健康点心，于是开了一间健康果汁吧。将先生公司原本做仓库的空间挪出来做店铺，一来不必付租金，二来就在住家楼下，能就近兼顾家庭和工作，真是好处多多。

商品以新鲜现打果汁和蔬果三明治为主，由于材料新鲜、用量实在，蔬菜的自然美味一吃就上瘾，颇受顾客好评。两年多来JUICE一边和顾客沟通，一面也调整自己的菜单配方，愈来愈能掌握到"市场口味"。原本以为自己外行人做生意，没想到不到半年就回本赚钱。可见靠着诚意和扎实的技术，小额两万元投资创业，也能成功开出一家会赚钱的金店铺哦。

老板的省钱秘诀大公开

1. 以"分租"方式节省房租

先生公司空间再利用，就是一种"分租"的方式，可以不必增加额外的店租开销。

2. 到大卖场捡便宜

创业之初JUICE老板怀着尝试的心理，一切都以简单朴实为前提。家具家饰多在大卖场里挑选，各百货店"换季"、"清仓特价"也是好时机，可趁机挑选到价廉物美的装修布置资源。

3. 自己安装DIY省工资

设计装修的花费中，"工资"、"安装费"、"维修费"等人工费用占的比例极重，如果能省下这部分，装修费用可大幅降低。不过要注意，涉及危险性较高的电线线路换装等问题，请专业水电师傅来协助较安全。

4. 发挥自己的专才

老板从前学的是土木制图，自己绘制设计图，标上尺寸、想用的材料、颜色等，量身订做出一个工作空间，这样设计费就省下来了，工程师傅有了图面，施工起来也更准确而有效率。

延伸话题 1
魅力老板必修人气学分

和气生财，老板的个性特质也是吸引客人的因素，以下几种风格的老板最容易受到顾客喜爱，看看自己是否也能做到，有机会成为一块超级吸金磁铁：
（1）面带微笑勤招呼；（2）对商品非常专业；（3）干脆豪爽不计较小零头；（4）善于推敲顾客喜好，勇于推荐商品；（5）精致服务设想周全；（6）俊男美女又亲切。

延伸话题 2
向顾客集资的"预付会员制"策略

具有优惠折扣价值的"会员卡"、"VIP贵宾卡"、"折价礼券"、"储值卡"、"点数券"，这些薄利多销的行销手法，顾客可以减少每一次的消费成本，而经营者因此可以预先收到一笔资金以灵活运用，不失为降低周转压力的经营策略。

营业时间 ■ 周一至五11:00－19:30　　地址 ■ 竹北市光明五街352号

薄荷糖
童装店
DATA

区域评估
店铺附近幼稚园、儿童安亲班林立，且社区密集，年轻家庭多，是切入做儿童生意的好环境。
商店定位
以社区生意为主，以商品品质吸引老顾客光临。
营业模式
薄荷糖出售自己代理的品牌商品，也兼售一些儿童配件和杂货。
店铺面积
约33m²的一楼空间。
装修花费
约5万。

薄荷糖童装店

彩色衣装、缤纷童年，孩子的变装秀

童装店，一如店名"薄荷糖"，总让父母感觉到清新甜蜜。

老板郭小姐对自己开创的事业非常满意，店内大小事几乎全由她一人包办，最忙碌的进货日，两个乖巧的侄女会来店里帮忙整理商品，而需要布置或维修的时候，先生就是最好的帮手。

店内主要出售1岁半至12岁的童装，以及少量儿童鞋帽、发饰等增加获利，虽有固定营业时间，有熟客先打电话来预约，老板就会特别延长营业时间等客人，有时假日也来开店服务。这种贴心、把握商机的工作态度，使薄荷糖开店两年多来营运颇丰。

老板的省钱秘诀大公开

1.小物布置法+DIY手工

童装色彩变化很丰富，简单把墙面刷白漆即可，便宜又能衬托商品，除了商品陈设板请木工钉制外，其他布置多靠自己手工和现成装饰物。

2.亲力亲为自己赚

从出国采购、检查品质、上架陈设、宣传促销、记账、库存管理、客户服务、出货给加盟经销商，全都自己来，亲力亲为节省下员工薪水，转为自己的获利。

3.寻求"家人帮手"与"临时零工"

先生和侄女是最好的助手，忙碌期临时请亲人帮忙通常是免费的亲情赞助。如果没有亲人支援，请位临时人员算钟点费也是变通的做法。

延伸话题 1
自行代理&开放加盟

郭老板和朋友一起合资代理品牌，虽两人分担代理费，但每季仍有固定进货量的销售压力，开放加盟店是倾销商品的一种方式。虽然给加盟店的利润比直接卖给客人低，但能先清出一些货量，收到加盟店的付款，是最大的好处。

延伸话题 2
老板兼员工，要有真本事

开店创业必须凭真本事，最好样样精通稳扎稳打：

(1)专业知识：至少涉猎相关专业3~5年，积累知识实力再开店。

(2)人力人脉：单打独斗的老板，要考虑在忙碌期或自己临时生病时，是否有帮手可支援。

(3)财务会计：准备足够的资金，也要懂得财务管理，学会看懂财务报表，才能精确计算盈亏。

(4)商品行销：对自己的商品要充分了解独特性与竞争力，掌握消费族群，以设计出有效的行销方式。

(5)经营管理：经营管理是穿起开店所有环节的重要技巧，包括店铺空间、营业时间、效益、人事、财务等环节都要兼顾。

延伸话题 3
让顾客爱你的高品质服务秘诀

同行竞争间，老板是否"贴心"是很重要的决胜关键：

（1）机动配合顾客时间，给顾客方便等于让自己赚钱。

（2）提供网络购物或是宅配运送服务。

（3）适时给个折扣，或将零码品、瑕疵品"半卖半送"，销售又讨顾客欢心。

（4）建立熟客资料库，在换季促销活动前主动通知，提高回顾率。

（5）商品包装不要太马虎，包装使你的商品更显质感。

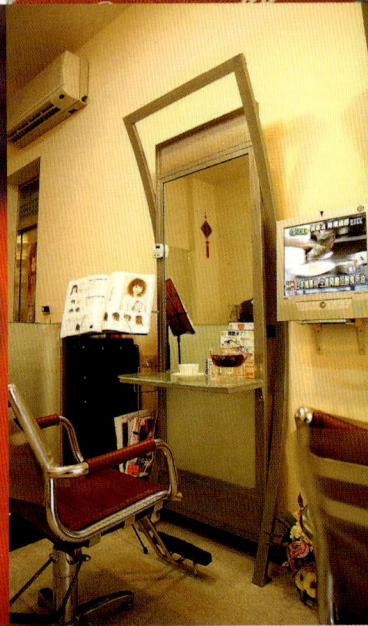

营业时间 ■ 9：00－19：30　　地址 ■ 竹北市县政十一街126号

区域评估
人潮车潮多，住家社区多，而且附近一带无其他美发店。

商店定位
个人发型设计工作坊，一人全程服务。

营业模式
发型设计、剪烫洗发服务，主要采用"电话预约"方式。

店铺面积
一楼营业空间约20m²，调药剂和仓储约3.3m²。

装修花费
约9.6万。

米兰发型
设计工作坊
DATA

米兰发型设计工作坊

头顶玩创意、发稍争千秋，日式风情精省小铺

曾经租过一间拥有玫瑰花园的浪漫店铺，却一直缺乏人潮和钱潮，Alice极力想突破事业瓶颈，利用休假时间寻找新落脚点，终于在比较热闹的街区发现一间待租的店铺。由于环境条件符合需要，而且租金因为地点问题而比同区价位低廉许多，Alice决定以信心克服地点劣势，精心装修设计，就此生根继续她的美发事业。

新店铺面积约20m²，摆上两张美发椅，一张洗头椅，加上收银台和等候区，已利用尽致，善用白色的放大、落地窗的通透和镜子的反射效果，店铺看起来并没有小面积的局促感觉。店内还有一些细心的设计，像商品展示架上附有挂钩，方便顾客挂外套和皮包，柜台上摆着好吃的小甜点，还会为客人泡上一壶花茶，Alice的亲切健谈和液晶电视，使客人有宾至如归的感觉，这就是所谓的"精致服务"和"友谊式行销"。

老板的省钱秘诀大公开

1.小店铺，简约风格，省钱真简单

米兰空间走日式简约路线，装修以功能性为主，装饰性的布置力求简约利落，加上租赁店铺的面积小，装修费用和租金开销都跟着降低，而且日常维护工作也轻松许多。

2.网络工厂直营

上网络找直营的工厂，利用网络削价竞争和起标价种种优惠机会，采购店内所需的设备、灯具、电器，通过亲戚认识的厂商来取货，更因为"直销"或"熟人价"得到折扣和免运费的优惠。

延伸话题 1
错用便宜建材未必省钱

价格便宜的建材品质不一定差，但未经恰当的设计使用，却可能一时省钱，后患无穷。如米兰使用浅色系的塑胶地板，因为颜色上和耐磨度的问题，在工作设备每日推移的过程中产生许多不雅观的刮痕，不仅破坏店铺美观，还得花钱修补甚至重做，影响生意反而划不来。

延伸话题 2
开店禁忌知多少

世界各国都有自己的民俗，无论是科学依据，或是流传的禁忌，多数老板总是抱持宁可信其有的态度，尽量求平安，以下有几项常见的供参考：

努力工作之外，好的规避方法也可稳定心情保平安

(1)看环境找好店址：道路名称是否顺耳，门牌号码、营业电话号码是否吉祥（如号码里有6、8、9、10都属吉祥数字）。

(2)店铺空间条件：格局方正，无歪斜尖角，上方无梁穿越（可用天花板遮挡），光线明亮通风，无前后门相对穿堂风现象，门前无垂直路巷，店面视野无对着尖角建筑物、电线杆、变电箱、垃圾收集处等。

(3)选好日子：挑选好日子，甚至选出当日的"良辰吉时"，进行重要的破土、监工、开幕仪式。

(4)幸运的吉祥植物：最热门的吉祥植物如金钱树、马拉巴栗、兰花、万年青、观赏凤梨、福禄桐、金橘和桂花等，以及应景的四季草花。

(5)常见的开店摆设：如弥勒佛像、金蟾蜍、风生水起球、圆形鱼缸、求财水晶、招财猫、凤梨饰品（旺来）都是颇受青睐的开店摆设。

内行人开店必学

装修行话、禁忌特搜，捡便宜有方法

"装修设计"是开店的硬体工程，
"招财开运"则是经营店铺的加分技巧，
能快速掌握这两项珠玑诀窍，
必能让你的创业之路更加便捷顺畅。

Chapter 5

专业术语大破解，沟通真easy

你是否曾对设计师的说辞一头雾水？
对专业书籍里的术语不明其理？
对室内设计师和施工人员常用的“行话”总是鸭子听雷，
甚至造成沟通上的误解和施工错误。
与设计师和施工队讨论事情的时候，
有任何听不懂的地方，
务必要询问清楚，
因为一句话的误解，
很可能会造成店铺风格设计错误、
材料误用、建材表面处理方式错误
等严重的后果。
室内装修里专用的词语，
经常掺杂多种语言风格。
以下列举在装修过程中较常听到的一些术语供参考。

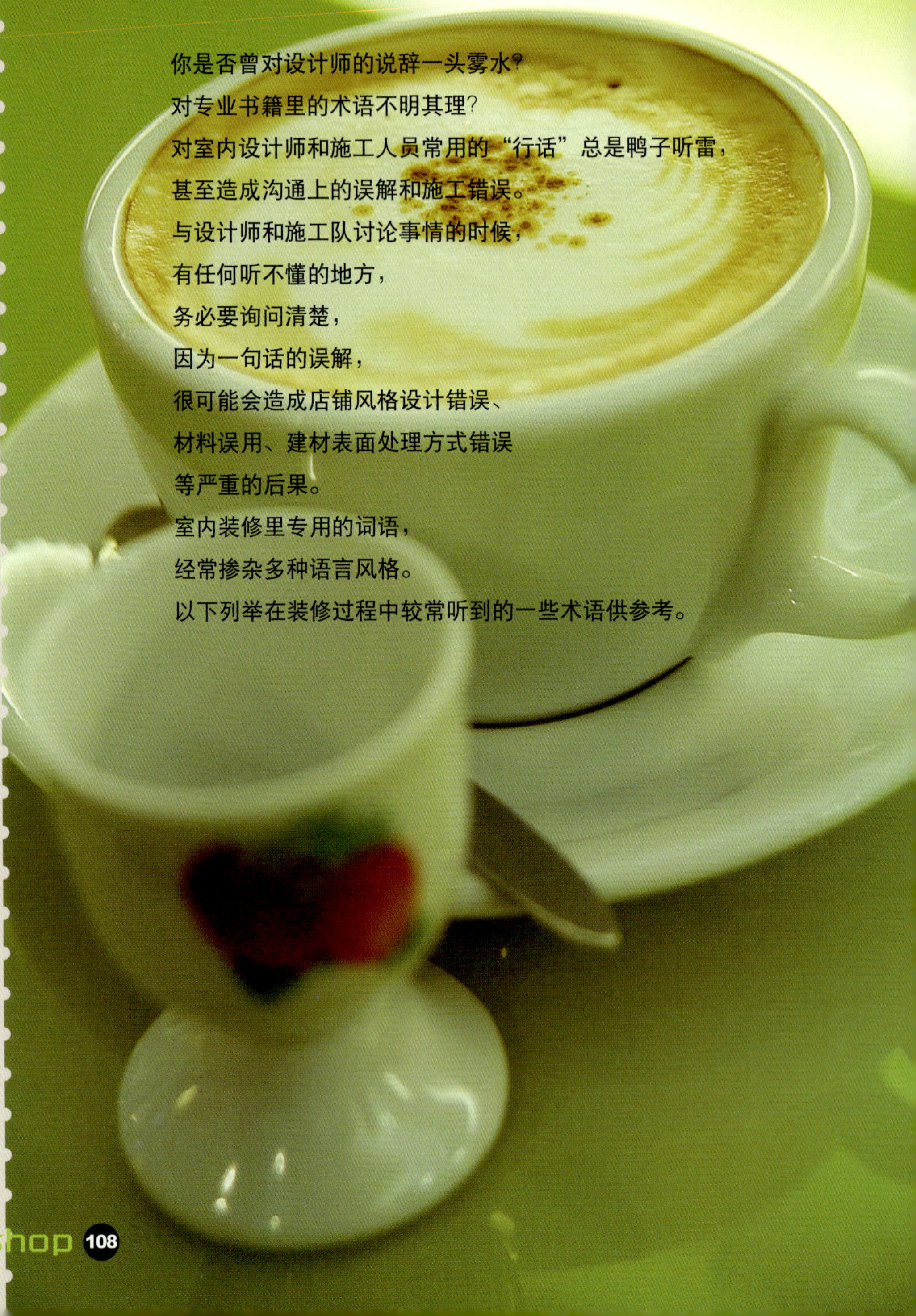

一、常用专业用语

业主

指委托设计的一方。如果你找设计师和施工人员作设计装修,你就是他们的"业主"。

施工队

各类装修工种如砸墙、木工、瓦工、水电工的集合称呼。多数室内设计师都有自己习惯配合的各项施工人员,这群人就是设计师的"班底"。

工程费

装修的总价,主要包含"建材费"、"工资"、"设计费"三大部分。计价方式约有两种:

(1)以平方米计费:依实际面积计价,中等工程每平方米费用800~2000元。须依照业主设定的预算高低来调整设计内容、建材品质。

(2)实报实销:以业主期待的装修品质来概估总工程费,包括建材费、人工费等依照实际消耗情况来计算费用。

设计费

也称为"工程管理费",指的是室内设计师进行设计、监造、代订购建材、与施工队沟通等各种服务的酬劳,视资历与知名度、所属公司的收费标准、工程的复杂度等因素而不同。为装修总工程费3%~8%不等。

也有其他如依照装修空间"平方米"计算设计费,假设收费标准为60~120元

每平方米,60m²店铺设计费就是3600~7200元;也有以"项目"计价,例如面积在50m²以下,一律收4000元设计费,每超过10m²加收800元等。

出图费

如果想省钱或是自己有熟识的施工队,只需有人代为规划及提供图面,可以单买设计图,一张多半是100~300元,视设计师自己开价而定,总费用就以"单张价钱×需要张数"来计算。要注意报价是否含修改费用,如果不包含,就要问清楚每次修改加收多少钱。

估价单与合约

"估价单"为工程费用计算的重要依据,有许多设计师把估价单就当成合约,所以双方有任何协议和约定都可在空白处注明清楚,设计师和业主双方都要签印盖章,各执一份作为凭证。

估价单的项目应包括建材品名、数量、型号、单价、施工做法、各项工程施工人员工资、工作天数、设计监造费等,税金内含还是外加、损料预估的费用也要列明,才能准确作出预算。

付款方式

通常是现金交易,或是转账、电汇、现金票(即期支票,不可超过半个月)。要和设计师协议好分几次付清,如开工时付总工程费的1/3,工程进度至1/2再付1/3费用,完工后经过7~10天验收期试用后,再把尾款1/3

付清。付款方式最好在合约上标明，以避免纠纷。

损料

配合设计为了造型或尺寸关系，材料切割后不能再利用的部分。例如一片瓷砖因为铺地面的转角而必须切取2/3，但依然得算一片的价钱，则这片的1/3即为无用的损料。

损料费用仍会计算在估价单里，通常预估占建材总量的5%是合理的，如果你装修上造型弯曲变化很多，损料量可能会更高。最好了解不同建材单位尺寸，设计时就把尺寸规划搭配好，让材料损耗减至最低。

追加费用

总价以外的花费，可能发生的原因包括当初丈量面积不准确、漏估建材量、施工不慎需要修补或重做、工程进度延误造成施工队需要加班、为求效果更好而额外提出增加设计内容，以上种种原因都可能导致设计师或施工人员向你提出追加工期、追加费用的要求。请注意，你没有责任照单全收。先判断这些追加事项是否合理及必要，你是否有经费再作额外负担。最好在当初签合约时，就先清楚载明哪些情况追加的费用由设计师方面负担（通常像材料量估计错误、临时更换材料、工人不慎破坏造成需修补的事情，都应该由设计师方面负责），这样才不会吃亏花冤枉钱。

放样

对于店铺的隔间位置不满意，拆除既有的墙面后要在适当的位置再砌新隔间，或是有些结构性强的造型装置品，都会依照设计图面，事先在地面上画出记号线条，以减少施工误差，这就称为"放样"。放样的线条传统上是瓦工师傅或木工师傅用特殊拉弹墨线的方式在地面上做记号，近年来也有以粉笔、麦克笔、胶带等较方便的材料来做记号。

进料、进货

"进料"就是订购的各项木板、石材、瓷砖等建材，配合施工进度运送到施工地点后，由师傅们小心搬运进工地里准备使用。"进货"，通常是指将家具、设备、商品和制作商品相关的原料等运送到店里。

动线

营业空间室内设计所指的动线，就是指对出入店铺的人经常走动的路线作最适当的安排，可细分为"服务动线"和"顾客动线"。服务动线是指工作人员进出店铺、吧台、厨房、服务客人的各种路径安排；顾客动线则是对来店消费的顾客所活动的区域范围和活动路径作规划，具体来说也可称走道、过道，每个走道宽度最好在120cm以上，可让两人擦身而过最好，不要太窄，也不要太宽浪费空间（餐厅就要特别注意每排餐桌之间座位与走道的宽度）。

直接照明

人工照明分为"直接照明"和"间接照明"两种方式。"直接照明"就是看得见灯具的照明方式，在灯具的样式上要特别讲究与整体装修风格是否搭配，因为灯泡直接裸露照明，光线效果较间接照明来得明亮。

间接照明

"间接照明"是看不见灯具的照明方式，多利用造型天花板钉制灯槽来隐藏灯管、灯泡。间接照明的效果是在空间中感觉得到光线，但是看不见灯具和灯泡，有简洁、清爽或是神秘的感觉，因为受到装饰挡板的隐藏，光线亮度会比直接照明来得弱一些，若要有较明

亮的效果则需要多装几支灯管。展示用的橱柜需要灯光效果时，选用日光灯管比投射灯来得省电，如果觉得日光灯管不美观，可以以夹板做间接式照明方式隐藏起来。

保护措施

装修现场如果有一些沿用既有的地面、门窗、吧台、固定壁柜、空调设备等，装修前都必须先覆盖上保护的措施（常用的材料为气泡纸、瓦楞纸、胶合板等），以免工程进行时，木屑、粉尘、油漆、喷漆、搬运建材家具时会

造成污损破坏。预先花点小钱作保护，可以避免事后花大钱修补的风险。

施工时间

一般施工时间为周一至周五，上午8：30－12：00，下午13：00－17：30。晚上17：30之后，以及周六、日就算加班，若要施工队来加班施做，工时费用可能会增加到两倍之多，因此尽量算好施工需要的天数，不要任意加班赶工，否则会增加许多经费开支。

施工保证金

在商业大楼承租一楼店面施工问题较小，若是楼上为住家或是邻近为住宅区，则要严守上述施工时间上的规范，尤其是设有管委会的大楼，几乎是无法加班赶工的，否则很可能会吃上罚金。多数大楼管理委员会会向要施工的业主收取保证金（常见1000~3000元不等），若施工上影响邻居安宁或对建筑物体、公共空间有所破坏，则保证金会被没收作为赔偿。

专用插座

开店许多生财设备都是很耗电的，而且多集中在吧台和厨房，像冷冻库、冰箱、烤箱、微波炉、咖啡机等重要的设备，每一种都应该单独使用一个回路的插座，以免同时启用耗电量太大，发生跳闸的困扰。通常老旧房舍有电量不足的问题，要请专业水电师傅评估，寻求改善之道；新建建筑物电量不足的问题较少。

施工队惯用尺寸单位换算：

1mm＝0.1cm（多用在镜子、玻璃、石材厚度的计算单位）

1分＝0.3cm（用来计算木夹板的厚度，例如3分的板即0.9cm厚）

1寸＝3cm（如果强调是英寸则为2.54cm。广泛运用在木工工程上计算材料长度）

1尺＝30cm（多用在电线、灯管、布料长度的计算单位）

1才＝30cm×30cm（用在玻璃、材料面板、大图输出等的单位面积的计算）

1坪＝3.3057㎡（1㎡＝0.3025坪，广泛运用在各种地面材料的面积计算）

二、较常听到的英语行话

●case（案件）

一个设计或工程委托案，对于一位设计师来说，就是一个"case"。例如你的店铺装修委托给某位室内设计师或施工队，你的店铺装修就是他的"case"，而你就是他的业主。

●design（设计）

对店铺空间进行平面、立体、架构、摆设布置等，在样式、品质、尺寸等条件上的设定。设计者、设计师可称为"designer"。

●fashion（时尚）

指当前流行的风潮事物，设计师可能会建议一些他认为很"fashion"的设计风格或家具饰品，不过业主还是要有自己的主见，不要一味跟从潮流。

●interior（室内）

室内装修针对的多是店铺建筑物的内部空间，"interior"就是室内空间的意思。

●project（工作目标）

业主或设计师对装修设计案提出工作原则、欲达成的主要目标等大方向的企划设定，可称为"project"。

●program（程序计划）

对店铺装修的现场勘察丈量、规划设计、监工、施工、完工等工程内容与时间进度，作整体的流程安排。

●report（报告记录）

在店铺设计自初期的企划、大方向的规划、初步空间设计、细部设计等各阶段，设计师应该都会提供业主分量不等的图面和文字等阶段性成果资料，作为沟通讨论之用。

●confirm（证实确认）

设计师或施工队与你经过多次沟通设计构想，修改了几次设计图和估价单之后，彼此达成共识时，他可能会提醒你类似"这是最后一次和你confirm了"的话，如果你还认为设计或价钱上有问题，要尽快提出再磋商。

●final（最后定案）

final就是设计师与你最后把图面、估价、合约都敲定，不能再修改了，若是再要求修改，可能就会得额外增加费用。所以对于"final"的字眼要高度警觉。

●function（机能、功能）

多用来讨论店铺空间的动线安排、分区配置、家具用途、生财设备的功能、水路供电系统等实际使用上的性能。

●structure（结构）

指建筑物或家具橱柜的构造体、结构组织等，讨论的重点多放在使用的材料、构成搭接的方式所产生的强度、承受力、安全性、耐用性等。

●style（风格）

指店铺或家具家饰外形上的文化和潮流特征，例如地中海style、南欧style、巴洛克style、文艺复兴style等。

●account（估价）

提到估价预算时，可能会听到"account"的字眼，如果要多比较几家，注意估价单上的"各项单价"和"总价"都要作比较。

●pay（酬劳付费）

很多人在表达上比较含蓄，有时不好意思直接说"钱"这个字，在付费问题上可用"pay"来沟通，像你对估价结果认为太贵，可以跟设计师说"我觉得pay太高"，有些少量的零碎工程或是特殊做法的工程，因为价格较难有市场标准，你可以先询问设计师或施工

队 "pay要怎么算？"

picture（图片图画）

　　泛指绘制的设计图、挂墙的图片影像等物件。

redraw（重新绘制起草）

　　在装修企划或设计初稿阶段，经常会有"redraw"的步骤，可以用来指重新设计、修改图面、重作计划的意思。

redress（补救补偿）

　　对于施工后不尽理想之处，也许碍于时间和经费考量无法重做，只能进行补救的措施，就是"redress"。另外"repair"是修理，"fix up"是校正、修理、改进的意思。

Chapter 6

大吉大利懂禁忌，
旺店招财32计

世界各地流传着各种不同的习俗与禁忌，
根据科学研究，其中有不少具有物理环境
的依据，有些则依照人体工程学或心理学
的原则，所以至今禁忌
仍是居家和开店时备受关注的一件
大事。
绝大多数的实践方式，都会落实在空间的格局
和布置上，所以在店铺装修的时候，就应该考察是否要一起
作科学的布局。
所谓的"禁忌"，也可解释为"好环境"，店铺空间的形状、尺度、色
彩、质感和布置都是重要元素，能把店铺布置成一个看得顺
眼、使用方便、欣赏起来美观，让顾客有好的观感、愉快
的消费经历，自然就会形成美好的消费氛围，生意
兴旺，口碑相传。以下32项为在台湾地区受到
普遍重视的开运方法，心诚则灵，供你
参考。

一、空间环境，格局、氛围的基本面

1.店铺周围环境要明亮

　　店铺周遭的环境和空间形式，会直接影响开店的运势，店址最好能位居交通方便、人流多的地段，空间宜方正开敞、阳光充足、通风良好、户外视野开阔（或靠装修造景补强室内景观），加上内部机能设计安排得当，美观顺眼，是挑选店铺位址的基本评估要件。

2.入店大吉

　　门面、门厅给顾客的第一印象非常重要，让顾客一进入店铺就能感受到舒适、明朗、美观、整洁的感觉才行，所以在入门门厅和接待柜台处要有明亮的光线、温馨的颜色、吉祥讨喜的摆饰物，时常要打扫干净，不可堆放杂物或发出异味，若再搭配具有生命力的植物来增添活力更好。

3.留住财气的最佳格局

　　店铺内部空间的格局也非常重要，一个好的格局可以带来好的工作效率，也能节省装修修改的费用，以下几项格局标准供参考，若遇有此问题要以装修方式改善：①店铺入口四周不可阴暗；②入店要有景可看，不可见到楼梯、墙壁尖角或是一堵封闭无装饰的墙面；③入门不能直接看见厕所；④入门不能直通通地看见后门或一大片通往户外的落地窗；⑤厨房口不可与厕所口正对；⑥炉灶不可与厨房门口正对；⑦空间中梁柱不可太多，梁下不可设柜台或座位区；⑧整体空间宜方正不歪扭或角形。

4.活化转角空间

　　店铺空间的角落、楼梯下、楼梯转角平台处，不要堆放杂物，可以运用大型花器、灯光效果、摆放展示柜、挂幅壁画等装饰手法，营造这些小空间的情趣，使整个店铺处处都有均衡好品质，减少秽气生虫。

5.柔化梁柱尖角

　　空间里的梁、柱、墙壁转角、尖凸处，在视觉上会带给人压迫、刺激、不安全感，在物理环境上该处也会造成风、气流的骤变，容易使人体产生不适，所以必须利用封板遮挡、设置展示柜、摆盆栽、打灯光、家具转向等手法来改善。

6.大自然光源

　　阳光可以带来活力、光明感和增进卫生，最好能挑选能受到明亮阳光照耀的店铺，"门面方向"尤其要明亮开朗；店铺西晒面，则要

注意窗户的遮阳设备；独栋或位于顶楼的店铺要施做屋顶隔热保护层，可以避免夏季室内烘热问题。

7.人工照明增光补运

店铺里人工照明，整体上以柔和、暖色系的光色为主。另外，所谓"效果灯光"就是在局部作一些特别光色和灯具造型的点缀，增加店铺的活泼感。门厅要明亮些，餐区要柔和有气氛，厨房最好采用白色灯光，才能准确调配菜色，厕所、墙角、楼梯处也要有适当的照明设计，不可阴暗忽视。店铺外观在夜晚也需要灯光照明，增加店铺的美感和可见性，吸引路过的人来店消费，注意灯光要向上、下来打光，以免直射让人觉得刺眼。

8.通畅气场

都市中室内空间常有空气不流通的问题，对工作人员的健康和生意都会产生负面影响。选择通风对流良好的店铺，或是运用空调设备、除湿机、空气清新机等方式增加店内空气循环和清新度，也可使装修建材和出售的商品保持良好、寿命更长。

9.色彩开运法

装修中"颜色"的效果最强烈直接，是顾客第一印象中很重要的元素，各种宗教有不同的庄严色、补运色、开运色，最重要的还是考虑大众消费者最能接受的颜色是什么，就是最好的开运色。"柔和的颜色"、"自然的大地色"等是最不容易失败的主色调，可以用高彩度的颜色来局部混搭，再打些灯光，或在色彩中加入细部的材质纹路变化，就会显得更活泼有生命感。

10.怡人香气添魅力

香气，是一种味觉上的刺激和享受，一间具有怡人香气的店铺，一定让客人印象深刻。无论是餐点商品的香气，或是点上清雅的熏香灯、天然的檀木香、樟木香；栽培一些芳香植物，也是很好的香味来源。

11.悠扬音乐吸引术

美好的音乐能使人心情愉快，化解暴戾之气，也可以使店铺空间具有特别的气氛，可依照店铺的情调来选择播放，音量要控制得当，宁可小声一点，开得太大声反而有赶走客人的反效果。

12.邻里和睦好运连绵

开店除了自己做好装修布局，还要考虑与周边邻居的关系，注意与邻近店铺要有风格和颜色上的区别，设立招牌广告板等设施物时不可影响到周边店家的门面，装修施工期间和邻居打声招呼，开店后也可主动给个"邻居折扣价"，把邻里关系建立好，既可减少纠纷，还可能就近吸收长期主客户呢。

二、民俗流传 & 吉祥宝物

1.坚定的信念，就是最好的开店祝福

开店之前，最重要的是要相信自己能做一个好老板，能开创一间成功的店铺，好的信念会带来充分的信心和实践的动力，加上亲切的态度和服务热忱，自然会有顾客缘。

2.挑选吉时吉日动工开张

"农历"里记载四季播种收成的时节，也有每一天适合做的事情和忌讳的事，只要有"开工"、"动土"、"开市"或"诸事皆宜"的日子，都可定为开工、开市的吉日。

3.植物结彩

花草植物能让人放松、愉悦，具有天然能量，也能净化空气，有庭院的店铺当然要用心布置，若为室内摆设，植物枝叶上可适量点缀一些讨喜的小饰品或是红缎带，增加喜庆。避免选用"叶片尖锐针状"、"量体太高大"会产生阴暗感的植物。

4.活水财源滚滚来

中国自古有"水"即"财"之说，大如流动水景，或是桌上摆小型滚珠水盘，都被认为有开运招财的作用，宜挑选样式优雅大方不俗气者为佳，注意"水流方向要朝店内流"，钱财才会流进口袋里。

5.年年有余养缸鱼

鱼，为极受欢迎的吉祥物，一则与"水"密切相关，水即财，有活络钱财的意蕴；音又与"余"谐音，即"年年有余"的吉祥寓意。可选择色泽美、活泼、好照顾的鱼种来饲养。

6.壁面装饰

营业空间若过多素面墙壁，会有冷漠空洞的感觉，有必要作适量的装饰，如挂画、照片、浮雕、商品陈设架，或以大图输出喷画处理整个墙面，增加店内温馨感与可看性。

7.七彩宝石

七彩宝石主要由七种不同颜色的矿石组成，看起来天然、晶亮、形状圆润的最好，可放在器皿、花瓶或是水钵里作装饰和招财之用。

8.八卦罗盘

宗教经典，或是为了开店从寺庙或风水师傅祈来的经文签言、红包、香灰袋，以及八卦符、罗盘、仙炉等，都是用来保平安、招财开运之福物。

9.守护神与财神爷

店铺安奉守护神，如关圣帝君、钟馗、观音、财神爷、弥勒佛等，有纸面神只，也有雕刻的神像，宜按方位摆放，要与室内装修作优雅的搭配，才不会让顾客感觉突兀。

（圆满又有宝藏）、柿子[“事事”（柿柿）如意]、圆盘（圆满、团聚的吉意）、柜子（藏宝的吉意）、花瓶（“花”：发财，“瓶”：平安）、壶（与福谐音，五个壶或是五个葫芦结串都象征五福临门）、古代如意造型（意味事事如意）。

12.明镜

镜子有明亮和反射作用，可把镜面对着门外或对面建筑的问题点来挂设；而店内挂设大镜面在视觉上也能使店铺更明亮、更宽广。

10.祥兽献瑞

许多动物的名称或形象，自古都被认为具有吉祥开运的含义，无论用什么材质或表现方式皆宜，如马（象征马到成功）、狮子（寓意祥狮献瑞）、羊（三只羊意味三“阳”开泰）、象（代表和平喜乐）、鹿（代表福“禄”）、蝙蝠（与福同音，五只蝙蝠象征五福临门）。依照老板生肖，也有所谓“三合”或“六合”的动物，同时能使店铺显得活泼可爱。

11.法器与祥物

如宝剑（破除凶险）、贝壳（古代的钱币象征财富）、古钱币（如乾隆通宝币）、元宝

13.古钱宝玉

钱币是最直接的招财象征物，古代的钱币既有历史文化特征，又有装饰作用，比起现代钞票显得较不俗气，适合用来作装饰，如贝壳、玉石、金银、刀形货币、龙银、乾隆通宝、天圆地方币、铜钱等。

14.自己收藏的饰物

店铺里除了硬体装修，也可装饰些小物件，如果有收藏品，可以从中挑选一些适合的来摆放，既不用额外花费，又可以加强店铺主人的个性。

15.屏风帘幕

店铺若有畸零角落或隔间问题，如前门对

后门，或是因为堆放仓储货物而凌乱不雅观，最简单的方法就是利用屏风、挂设帘幕来遮挡。屏风和帘幕的样式要能与整体的装修风格相搭配，才有加分作用。

16.随节庆增添喜气

每年佳时节庆，如圣诞节、农历新年、元旦、母亲节、情人节，或是自行举办的新品促销活动、换季活动、年中庆、周年庆等，在店铺空间可装饰些应景的菜单、饰物、宣传红布条、缤纷的灯饰等，都能增加喜气，使顾客欢喜上门。

17.明亮晶莹好贵气

店铺选址要选感觉"亮"的街道，亮的街道才容易有人潮；店铺一进门，要给顾客"亮"的感觉，明亮的阳光或是室内灯光，带给顾客开朗的心情，增加逛购的意愿；店里出售的商品也要"亮"，透过橱窗、柜架和适当的投射照明，把商品照耀得亮丽晶莹，更增添顾客的食欲和购买欲。在重点区位如入口门厅、柜台、主要装饰墙面、店铺造景区等地方，也可以摆放一些晶莹亮丽的七彩宝石、人造玻璃石，或是奢华一点的如水晶、琉璃等饰物，都可以增添店铺的贵气。

18.铃铛摇摇客人来

许多做生意的店家喜欢在门上挂设铃铛，相当讨喜，也有提醒和防盗的效果。选择声音清亮、材质不易破碎的风铃最好。

19.职业证书与奖状

如果有开店相关的营利事业登记证、专业技术执照、相关比赛获得的奖状奖杯、卫生署或政府相关单位颁发的评鉴认证证书，或是知名人士来店消费合影留念的照片，都是实力证明，也是为店铺招来财运的最佳幸运物。用漂亮的框裱装起来，悬挂在明显处。

20.店铺商标就是幸运符

开店通常都会设立自己的店名和商标（LOGO），多运用吉祥的字意，图样特殊、有圆润感、颜色依照商品气质搭配运用最讨喜，有美观吸引人的商标，能加深顾客对店铺好印象。

图书在版编目（CIP）数据

开店装修省钱＆赚钱123招/唐芩著. —沈阳：辽宁科学技术出版社，2010.3
ISBN 978-7-5381-5831-1

Ⅰ.开… Ⅱ.唐… Ⅲ.商店—商业经营—通俗读物 Ⅳ.F717-49

中国版本图书馆CIP数据核字（2009）第235031号

出版发行：辽宁科学技术出版社
　　　　　（地址：沈阳市和平区十一纬路29号　邮编：110003）
印　刷　者：辽宁彩色图文印刷有限公司
经　销　者：各地新华书店
幅面尺寸：168mm×236mm
印　　张：7.5
字　　数：120千字
出版时间：2010年3月第1版
印刷时间：2010年3月第1次印刷
策　　划：盛益文化　李　夏
特约编辑：汤留泉
责任编辑：简　竺
封面设计：杜庆洋
版式设计：北京水长流文化发展有限公司
责任校对：徐　跃

书　　号：ISBN 978-7-5381-5831-1
定　　价：35.00元

联系电话：024-23284536
邮购咨询电话：024-23284502
E-mail：jianzhu_editor@126.com
http：//www.lnkj.com.cn
本书网址：www.lnkj.cn/uri.sh/5831